数学物理方程爆破解的数值诊断方法

张 晔 (Ye Zhang)
〔俄罗斯〕D. V. 卢基扬年科 (D.V. Lukyanenko) 著

科学出版社
北 京

内 容 简 介

本书概述了数学物理微分方程模型中爆破解的数值诊断方法，着重研究如下两方面内容：①如何以可接受的精度获得接近爆破时间的近似数值解；②获得解的爆破时间的分析估计值，并以数值方式获得特定模型的爆破时间的特定值. 本书基于 Richardson 对有效精度阶数的估计，研究了用于诊断数学物理方程爆破解的一类通用数值方法，并将该方法应用于各类常微分方程和偏微分方程. 本书所有的例子都配有 MatLab 代码. 其主要目的是为读者提供一个工具包，使他们能够高效地应用所提供的方法(包括软件包)来解决科学工作中出现的其他实际问题.

本书可作为应用数学、计算物理及相关专业高年级本科生或研究生的教材使用，也可作为相关专业科研工作者的参考资料.

图书在版编目(CIP)数据

数学物理方程爆破解的数值诊断方法/张晔，(俄罗斯) D.V. 卢基扬年科著. —北京：科学出版社，2022.3

ISBN 978-7-03-071785-6

Ⅰ. ①数…　Ⅱ. ①张…②D…　Ⅲ. ①数学物理方程-数值方法　Ⅳ. ①O175.24

中国版本图书馆 CIP 数据核字(2022)第 038745 号

责任编辑：李静科　孙翠勤／责任校对：彭珍珍
责任印制：赵　博／封面设计：无极书装

科学出版社出版
北京东黄城根北街 16 号
邮政编码：100717
http://www.sciencep.com
北京华宇信诺印刷有限公司印刷
科学出版社发行　各地新华书店经销
*
2022 年 3 月第　一　版　　开本：720 × 1000　B5
2025 年 2 月第三次印刷　　印张：8 3/4
字数：173 000

定价：68.00 元

(如有印装质量问题，我社负责调换)

前　　言

这些年来有关“极端条件下的模式”的课题在飞速发展. 在学术交流中, 人们也经常使用更为精简的名词——“爆破”(这个称呼也经常被用在术语“解的爆破”上). 简单点说, “爆破”的模式, 就是在有限时间内解的范数 (能量) 突变 (在考虑的函数空间 $\mathcal{B}$ 中) 为无穷大. 假设现在有这样一个函数 $u(x,t)$, 其中 t 表示时间变量, x 表示空间变量. 从另一个角度, $u(x,t):[0,\infty)\mapsto\mathcal{B}$ 可以看成值域在 $\mathcal{B}$ 中的抽象函数, 记为 $[u(x)](t)$. 则当时间趋近于 T_{bl} 时解的爆破可以写成如下形式:

$$\lim_{t\to T_{bl}}\|[u(x)](t)\|_{\mathcal{B}}=+\infty.$$

在物理学上这样的解也被描述成爆炸、不稳定发展等等. 到现在为止, 主要存在三类研究“爆破”(blow-up) 情况的分析方法. 第一种是 S. I. Pohozaev 提出的非线性容量的方法 (试验函数), 见文献 [1]; 第二种是 H. A. Levine 提出的动力学方法以及其改进方法, 见文献 [2–6]; 第三种是由 A. A. Samarskii, V. A. Galaktionov, S. P. Kurdyumov 和 A. P. Mikhailov 等提出的基于比较不同特征的自成型规范法, 见文献 [7, 8]. 然而, 在数值上对“极端条件下的模式”问题的研究也同样重要. 它包括了至少 3 个任务: ① 在可接受的精确度下判断当时间趋近于 T_{bl} 时的解的爆破情况; ② 得到当时间趋近于 T_{bl} 时解的爆破的分析结果, 且能对于具体的模型得到时间 T_{bl} 的具体数值; ③ 能在分析失败的情况下自己建立解的爆破的实际模型. 常用的求解方法是: 使用与减小网格间距相关的自适应方法 (按时间尺度或空间尺度)[9,10] 和后验估计等方法[10]. 它们结合了基于从时间变量到空间变量的方法[11]. 例如曲线的长度, 在某些情况下还需根据它的增减而对解函数使用等比放缩[12].

然而, 每一种方法都有它的应用范围. 对于等比放缩类方法, 它们不但需要知道方程的阶数, 还需要使用方程右端的单调性[13]. 此类方法的爆破解的存在性和求解往往是两个独立的问题. 等比放缩类方法的求解类似于苏德曼变换[11]. 但苏德曼变换与换元法一样, 仅适用于特殊的微分方程.

本书概述了数学物理问题中涉及的解的爆破的数值分析方法. 我们的方法基于 Richardson 提出的对精确度有效评估的理论, 其核心思想见文献 [14, 15, 17]. 本书作者第一次意识到该方法能用于判断爆破的可行性是基于文献 [5, 第 8 章]. 简而言之, 在求解光滑解的过程中, 对于已知的图解, 有效精确度阶的确定更趋向于理论. 因此, 有效精确度阶的显著变化就能证明存在解的爆破. 我们认为这种方法是十分可行的, 因为它是普遍的 (可能是用于任何一个一般微分方程和偏导数方程) 并且它对于先验信息的要求微乎其微. 只需要知道爆破的时间值 T_{bl} 的上界就足够了. 然而, 就算不知道它的值, 也可以找到 T_{bl} 的近似值和提出解的爆破的假设. 在思想上, 此方法与当网格的参数趋近于零 (对于光滑解而言误差应该减小) 时, 通过合适的误差对数值解的爆破的鉴定方法类似.

本书还概述了第二作者对解的爆破这一现象的数值研究工作. 此外, 本书的第一作者使用本书的部分内容作为深圳北理莫斯科大学 2017 届、2018 届和 2019 届计算数学与控制系部分学生的寒暑期科研课题. 本书的第二作者也在莫斯科国立大学物理学院数学教研室的专业课 "数值方法" 中多年使用本书的部分内容. 我们相信, 对于任何一种数值方法, 如果没有理论分析和具体的实现代码, 是不可能将此方法解释清楚的. 而只有将数值方法基于具体的代码进行有效的解释说明, 学生们才能明白自己所使用的数值方法有哪些优点和缺点, 还能从中获得实际操作技能. 在这一方面, 本书的亮点是: 所有数值方法都给出了 MatLab 代码. 这有利于读者自主应用研究方法来解决日常科学工作中出现的问题.

根据难度递增的原则, 本书被分成了五章. 第 1 章讨论了常微分方程中的柯西问题. 第 2 章介绍了在关于时间的一阶微分方程中, 对简单边界问题的求解方法. 在第 3 章中会涉及更复杂的边界问题 (关于时间的二阶微分方程、时间导数下的非线性方程等等), 此外, 还详细地讨论了有关提高方法的数值执行效率 (矩阵变换的高效方法, 对中间运算及数据储存进行合理的安排等等) 的问题. 第 4 章涉及关于空间变量中的高阶导数方程的问题, 还讨论了有关解的精确度阶过高或者解不够平滑等情况. 第 5 章分析了在无限域中寻找解的问题. 本书中所有的方法, 都给出了可直接运行的 MatLab 代码.

本书的主要目的是给读者提供解决问题的工具, 从而能有效地运用本书中的方法 (包括程序) 来解决科研工作中遇到的问题. 本书适合数学类和物理类专业高年级本科生和理工科研究生学习和研究之用, 也可供相关领域的研究人员教学和科研参考.

本书的出版得到了国家自然科学基金 (1217011445)、北京市自然科学基金 (21Z10002)、广东省区域联合基金-青年基金项目 (2019A1515110971) 和深圳市高等院校稳定支持计划 (20200827173701001) 的共同资助. 书中的部分章节是在这些项目的资助下完成的, 在此深表感谢!

张　晔
深圳北理莫斯科大学
D.V. Lukyanenko
莫斯科国立大学
2021 年 7 月

目　　录

第 1 章　一阶常微分方程柯西问题爆破解的诊断

在这一章, 我们通过一个具体的例子来介绍我们所关心的数学问题. 考虑如下一阶常微分方程的柯西问题 (它是化学动力学中一个简单的热传导模型):

$$\begin{cases}\dfrac{\mathrm{d}u}{\mathrm{d}t}=u^2, \quad t\in(t_0,T],\\ u(t_0)=u_0>0.\end{cases} \tag{1.0.1}$$

为了确定起见, 我们代入以下参数:

$$t_0=0, \quad T=2, \quad u_0=1. \tag{1.0.2}$$

可以验证, 函数

$$u(t)=\frac{1}{u_0-t} \tag{1.0.3}$$

是问题 (1.0.1)–(1.0.2)的一个解. 我们将函数(1.0.3)(其中参数 u_0 的取值见 (1.0.2)) 在图 1.1 中画出. 可以看出, 函数 (1.0.3) 在有限的时间内 (在 $t=1$ 内) 趋向了无

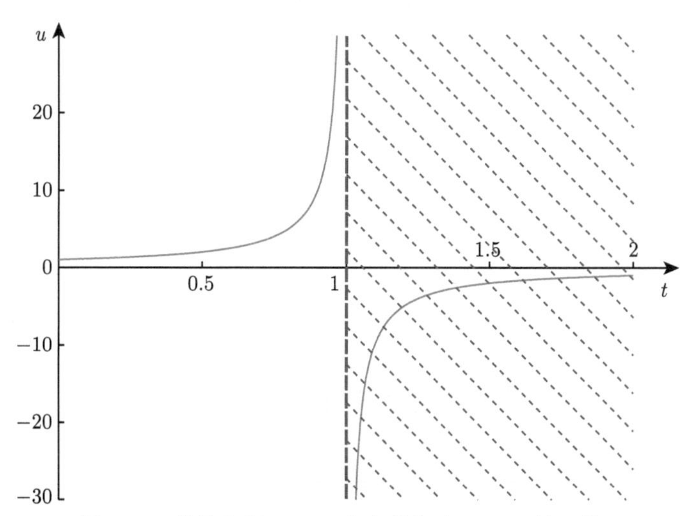

图 1.1　满足方程 (1.0.1)和参数集合 (1.0.2)的函数.
在阴影线表示的区域里函数 $u(t)$ 不是相应的柯西问题的解

穷, 并且在 $t=1$ 点没有定义. 但是我们认定柯西问题的解是定义在连通集合 (一段区间) 内的函数, 所以问题 (1.0.1)的解是函数 (1.0.3) 限制于 $t \in [0,1)$ 时的部分. 对于此类情形, 我们说方程的解经历了爆破 (blow-up).

需要注意的是, 在大部分自然科学领域的实际问题中, 某个参数在有限的时间里趋向正无穷的情形是不可能存在的. 而这个参数可能在相应的简化的数学模型中的解中趋向无穷. 在这种情况下, 我们可以认为真实问题超出了简化数学模型的可应用范围. 例如, 在化学反应的热传导问题中, 只有在无限多的反应物集中在相当小的体积的假设下, 才有可能在 $t=1$ 附近达到无穷. 显然, 这种情况在实际中是不会遇到的, 因为反应物的量总是有限的, 这会最终导致反应的停止, 以及在某个固定的小于 1 的时间点 t 时停止放热 (在这种情况下, 总放热量是有限的). 因此, 如果我们弄清所考虑物理问题的合理模型, 并同时考虑到守恒定律和反应传播速率, 那么所得的数学模型将给出从起始时间点开始都存在的解. 但是, 在实际情形中精确模型的构造 (由于物理过程的复杂性, 缺乏准确的数据等等) 或者甚至是数值解的求解 (由于方程式的极端复杂性) 都可能是无法实现的. 因此, 它们通常仅限于描述过程特征的简化模型. 近似模型中的解趋向于无穷可能对应真实的爆炸 (非常大的热量释放).

但即使简化后的模型也十分复杂, 以至于解决它们的唯一有效方法就是使用数值方法获得近似数值解. 对于任意 t 的取值都存在数值解 (对于适当近似值的选择可以查阅 1.2 节的备注 2). 我们以研究过的标准模型 (1.0.1)–(1.0.2)为例进行演示.

1.1　数值解的搜寻

将问题 (1.0.1)改写为以下形式

$$\begin{cases} \dfrac{\mathrm{d}u}{\mathrm{d}t} = f(u), \quad t \in (t_0, T], \\ u(t_0) = u_0, \end{cases} \tag{1.1.1}$$

此处 $f(u) = u^2$.

引入对于时间 t 的等长区间 T_M, 间隔大小为 $\tau = (T-t_0)/M$: $T_M = \{t_m,\ 0 \leqslant m \leqslant M : t_m = t_0 + m\tau\}$. 注意到, 这个区间有 $M+1$ 个节点, 或者等效地, M 个小间隔. 在网格 T_M 的节点处引入函数 $u(t)$ 的网格值: $u_m \equiv u(t_m)$, $0 \leqslant m \leqslant M$.

对于自治系统 (1.1.1)写出单阶段 Rosenbrock 算法群 ROS1[16, 22–24]

$$u_{m+1} = u_m + (t_{m+1} - t_m)\,\mathrm{Re}\,w_1\,, \quad 0 \leqslant m \leqslant M-1,$$

这里 w_1 定义于方程　　(1.1.2)

$$\Big(1 - a_{11}\,(t_{m+1} - t_m)\,f_u(u_m)\Big)w_1 = f(u_m).$$

这里 a_{11} 是定义算法性质的参数 (关于这一点的详细内容请看文献 [16, Chapter 1, Section 1.2.3]). 特别地, 对于 $a_{11}=0$, 算法 (1.1.2) 退化为一个明确的单阶段 Runge-Kutta 算法 ERK1 (欧拉算法); 当 $a_{11}=1$ 时, 退化为反欧拉算法 DIRK1; 当 $a_{11}=1/2$ 时, 退化为 "半隐式" 算法; 当 $a_{11}=(1+\mathrm{i})/2$ 时, 退化为带复系数的单阶段 Rosenbrock 算法 CROS1.

以下是 MatLab 函数的示例, 该函数根据算法 (1.1.2)实现对问题 (1.1.1)的数值求解.

```
1  function u = ODESolving(t_0,T,M,u_0,f,f_u,a_11)
2
3      % 函数寻找常微分方程的
4      % 近似数值解
5
6      % 输入的参数:
7      % t_0, T - 初始和终止时间点 (§ t0 和 T §)
8      % M - 关于时间的区间内小间隔的数量
9      % u_0 - 初始条件
10     % f 和 f_u - 定义了正在求解的常微分方程的非齐次性
11     % 以及对变量 u 的导数
12     % a_11 - 算法参数 (0 - ERK1, 1 - DIRK1,
13     % 1/2 - "半隐式" 算法, (1 + 1i)/2 - CROS1)
14
15     % 输出的参数:
16     % u- 储存常微分方程解的网格数值
17
18     tau = (T - t_0)/M;  % 区间内间隔大小的定义
19     t = t_0:tau:T;       % 区间的定义
20
21     % 网格值 u(t) 数组的内存分配
22     u = zeros(1, M + 1);
23
24     u(1) = u_0;          % 初始条件的给定
25
26     for m = 1:M
27
28         % ROS1 算法的实现
29         % (对于自治方程)
30         w_1 = (1 - a_11*(t(m + 1) - t(m))*...
31             f_u(u(m)))^(-1)*f(u(m));
32         u(m + 1) = u(m) + (t(m + 1) - t(m))*real(w_1);
33
34     end
35
36 end
```

说明 需要注意的是, 当访问向量 u 和 t 的分量时, 所有的索引需要位移 +1 位 (与上述解析公式相比), 因为在 MatLab 中数组元素的编号从 1 开始 (因此 $u_0 \equiv u(1)$, $u_1 \equiv u(2), \cdots, u_M \equiv u(M+1)$).

下面, 我们给出可以运行函数 "ODESolving" 和展示结果的代码.

```
1  % 初始和终止时间的定义
2  t_0 = 0; T = 2;
3
4  M = 50; % 区间内小间隔的数量
5
6  f = @(u) u^2;          % 函数 (§ f(u) = u^2 §) 的定义
7  f_u = @(u) 2*u;        % 函数 (§ f_u(u) = 2u §) 的定义
8
9  u_0 = 1; % 初始条件的定义
10
11 % 算法 ROS1 的参数 (§ a_11 §) 的定义
12
13 a_11 = (1 + 1i)/2;  % CROS1
14 %a_11 = 1;
15 % 执行函数 ODESolving 进行解的计算
16 u = ODESolving(t_0,T,M,u_0,f,f_u,a_11);
17
18 % 解的处理
19 figure;
20 % 绘制确定解的图像
21 plot([0:0.01:2],1./(u_0 - [0:0.01:2]),'--g',...
22     'LineWidth',2); hold on;
23 % 绘制求出的近似解的图像
24 plot(t_0:(T - t_0)/M:T,u,'-ok','MarkerSize',3,...
25     'LineWidth',1); hold on;
26 axis([0 2 -30 30]); xlabel('t'); ylabel('u');
```

上述程序对参数 a_{11} 进行不同的取值, 其结果 (对测试问题 (1.0.1)–(1.0.2)进行求解) 展示在图 1.2 中.

由图 1.2 可以发现, 对于所有 $t \in [t_0, T] \equiv [0, 2]$ 的取值都存在一个数值解. 因此出现了一个自然的问题: 如何分析确定解爆破的事实并确定哪个数值解是可信的, 而哪些不能? 对于那些无法求出解析解的复杂方程, 这个问题尤为重要. 接下来我们将详细研究这个问题.

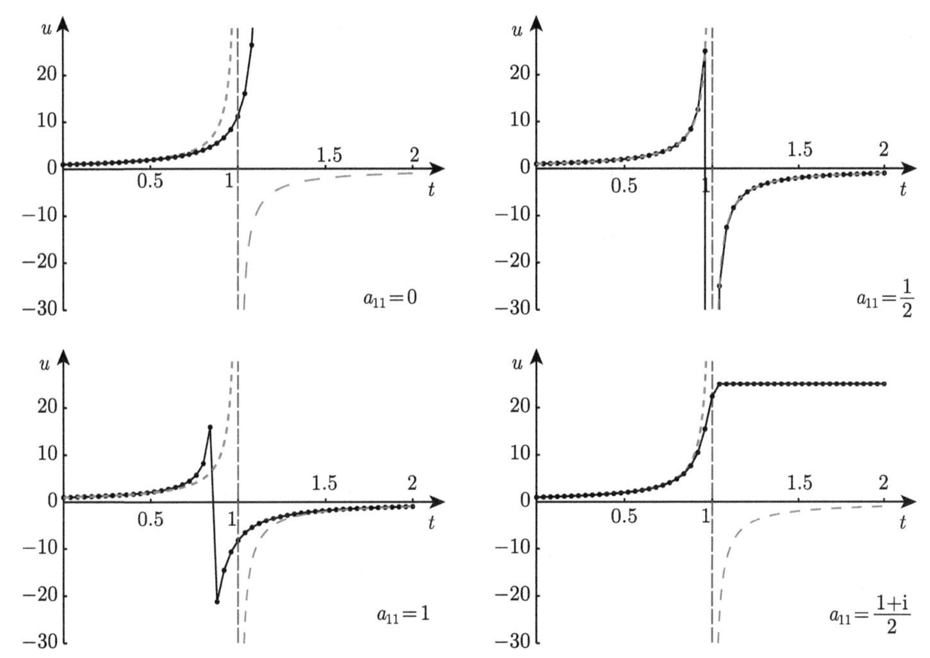

图 1.2 在相同的时间网格 $M=50$ 运行算法 (1.1.2), 以及通过对参数 a_{11} 进行不同的取值, 对测试问题 (1.0.1)–(1.0.2)求解的结果

1.2 解的爆破现象的数值分析

我们在此书中讨论的解的爆破现象的数值分析方法基于误差的后验渐近精确估计的计算 (见 [16, 第 2 章]).

假设我们通过使用对时间 t 均分网格 T_M, 步长为 $\tau=(T-t_0)/M$: $T_M=\{t_m,\ 0\leqslant m\leqslant M:\ t_m=t_0+m\tau\}$ 的 p 阶精确算法已经找到了柯西问题 (1.0.1)的网格数值解. 这意味着, 对于所有的节点 $t\in T_M$ 都成立等式

$$u(t)=u^{(M)}(t)+O(\tau^p). \tag{1.2.1}$$

这里的上标 (M) 表示对应于 M 个时间网格的数值解 $u^{(M)}(t)$.

现在我们将等式 (1.2.1) 写成以下形式

$$u(t)=u^{(M)}(t)+c(t)\tau^p+O(\tau^{p+1}). \tag{1.2.2}$$

在上式中, 我们将近似解 $u(t)$ 的误差 $u(t)-u^{(M)}(t)$ 的泰勒级数的首项提取出来. 这里我们假设存在相应的连续导数.

假设我们通过已知 p 阶精度的算法得到 $u^{(M)}(t)$, $t\in T_M$ (注意到区间的个数 M 唯一确定了网格步长 τ). 这样, 方程 (1.2.2) 含有两个未知量: $u(t)$ 和 $c(t)$. 为

了求出这两个未知量, 我们需要两个方程. 在 r 倍紧密的网格 (就是说在含有 rM 个区间的网格上进行计算), 我们可以得到第二个方程:

$$u(t)=u^{(rM)}(t)+c(t)\left(\frac{\tau}{r}\right)^p+O\left(\left(\frac{\tau}{r}\right)^{p+1}\right). \tag{1.2.3}$$

从方程 (1.2.3) 中减去方程 (1.2.2) 可以得到 $c(t)$ 的表达式:

$$c(t)=\frac{u^{(rM)}(t)-u^{(M)}(t)}{r^p-1}\frac{r^p}{\tau^p}+O(\tau^1).$$

因此,

$$R^{(rM)}(t)\equiv c(t)\left(\frac{\tau}{r}\right)^p=\frac{u^{(rM)}(t)-u^{(M)}(t)}{r^p-1}+O(\tau^{p+1}). \tag{1.2.4}$$

等式 (1.2.4) 右端的分式被称为精确解 $u(t)$ 泰勒级数的 p 阶项的后验渐近估计. 它也是近似解 $u(t)$ 的误差 $u(t)-u^{(rM)}(t)$ 的泰勒级数的首项的后验渐近估计. 因此,

$$u(t)=u^{(rM)}(t)+R^{(rM)}(t)+O(\tau^{p+1}).$$

从这里可以得出, 当 $\tau\to 0$ 时, $R^{(rM)}(t)$ 大于误差量 $u(t)-u^{(rM)}(t)$ 的泰勒级数中的所有其他项之和. 这一项可以看作 $u^{(rM)}(t)$ 的误差的后验渐近估计. 为简明起见, 本书将忽略 $O(\tau^{p+1})$(但此时不要忘记相应公式的渐近特征). 即, 此后我们将 $R^{(rM)}(t)$ 当作

$$R^{(rM)}(t)=\frac{u^{(rM)}(t)-u^{(M)}(t)}{r^p-1}, \tag{1.2.5}$$

这就是经典的龙格–龙贝格 (Runge-Romberg) 公式.

我们再在一个新网格上进行计算 (网格有 r^2M 个区间), 可以得到

$$R^{(r^2M)}(t)\equiv c(t)\left(\frac{\tau}{r^2}\right)^p=\frac{u^{(r^2M)}(t)-u^{(rM)}(t)}{r^p-1}+O(\tau^{p+1}).$$

注意到

$$R^{(rM)}(t)\equiv c(t)\left(\frac{\tau}{r}\right)^p,\quad R^{(r^2M)}(t)\equiv c(t)\left(\frac{\tau}{r^2}\right)^p. \tag{1.2.6}$$

通过这两个式子的范数的关系求出精确度有效阶数的表达式

$$p^{eff}=\log_r\frac{\|R^{(rM)}(t)\|}{\|R^{(r^2M)}(t)\|}, \tag{1.2.7}$$

通过这个式子计算出在 $t \in [t_0, T]$ 时间段的近似阶数 p^{eff}, 且它具有如下性质: 当 $\tau \to 0$ 时, $p^{eff} \to p^{theor} \equiv p$. 注意到我们这里所说的是精确度等阶有效阶数. 这是由于它忽略了公式 (1.2.5)(请和 (1.2.4) 进行比较) 的近似特征.

精确度的有效阶数也可以通过对每个单独的网格节点 $t_m \in T_M$, $0 \leqslant m \leqslant M$ 进行计算. 相应的公式可以从 (1.2.6)的公式关系得到, 即

$$p^{eff}(t) = \log_r \frac{R^{(rM)}(t)}{R^{(r^2M)}(t)}. \tag{1.2.8}$$

由此我们得知, 如果误差函数泰勒展开级数中更高阶的项大于 p 阶项, 在 (1.2.8) 中的对数变量可能是负数. 这种情况可能会发生, 比如, 如果在特定的问题特定的点第 p 项的系数偶然等于零或者如果网格还是个比较稀疏的. 所以在实际里, 为了避开计算过程的突然停止, 有必要在 (1.2.8) 中选取分子和分母的模.

现在根据上述讨论写出计算精确度有效阶估计的算法, 这将在以后让我们在解异常存在的时候对其进行分析.

首先我们引入基础网格 T_M: $\{t_m\}$, $0 \leqslant m \leqslant M$. 然后从基础网格开始, 对网格进行逐步细化, 并在通过 p 阶精确度得到的网格 $T_{r^{s-1}M}$ (s 为网格集合 $s = \overline{1, S}$ 中的网格序号, $\overline{1, S}$ 表示 1 到 S 间的所有整数) 上求出此方程的解

$$u_{(s)}(t) \equiv u^{(r^{s-1}M)}(t).$$

在这种情况下, 只要 r 是整数, 每下一个网格 $T_{r^{s-1}M}$ 有和基础网格 $t_m \in T_M$, $0 \leqslant m \leqslant M$ 的节点重合的节点. 在这些节点 t, 我们可以在每个编号为 s 的网格上通过 Runge-Romberg 公式 (1.2.5)进行误差的后验渐近精确估计

$$\Delta_{(s)}(t_m) \equiv R^{(r^{s-1}M)}(t_m) = \frac{u_{(s)}(t_m) - u_{(s-1)}(t_m)}{r^p - 1},$$

并在整个时间段 $t \in [t_0, T]$ 估计 (1.2.7)精确度的有效阶.

$$p_{(s)}^{eff} = \log_r \frac{\sqrt{\sum\limits_{m=0}^{M} \left(u_{(s-1)}(t_m) - u_{(s-2)}(t_m)\right)^2}}{\sqrt{\sum\limits_{m=0}^{M} \left(u_{(s)}(t_m) - u_{(s-1)}(t_m)\right)^2}} \tag{1.2.9}$$

(这里选择了最常用的范数——欧几里得范数). 当在整个时间段 $t \in [t_0, T]$ 内, 问题的解有关于时间的 p 次连续导数, 则有如下收敛性

$$p_{(s)}^{eff} \xrightarrow[s \to \infty]{} p^{theor} \equiv p.$$

收敛性的破坏意味着精确解在时间段 $t \in [t_0, T]$ 光滑性的缺失. 换句话说, 等于 p 的理论精确度的阶数描述了相应数值方法给出精确解泰勒级数的前 p 项 (在其存在的时候！) 的性能. 而精确度的有效阶有利于我们确定, 实际上给出了多少精确解泰勒级数的项. 具体来说, 当 $p^{eff} \leqslant 0$ 时可以得出无法将精确解分解为泰勒级数的结论, 这意味着不存在解 (或者换句话说, 在时间段 $t \in [t_0, T]$ 某个点解的爆破)(或者解的光滑性缺失).

为了确定发生解爆破的具体的时间点, 可以按点 (1.2.8)在每个节点 $t_m \in T_M$, $0 \leqslant m \leqslant M$ 估计精确度有效阶,

$$p_{(s)}^{eff}(t_m) = \log_r \frac{|u_{(s-1)}(t_m) - u_{(s-2)}(t_m)|}{|u_{(s)}(t_m) - u_{(s-1)}(t_m)|}. \tag{1.2.10}$$

如果原问题的解在 t 点有关于时间的 p 阶连续导数, 则存在如下收敛性

$$p_{(s)}^{eff}(t) \xrightarrow[s \to \infty]{} p^{theor} \equiv p,$$

并且对应的误差估计是当 $s \to \infty$ 时 (或者 $N, M \to \infty$) 渐近精确的. 收敛性破坏意味着精确解光滑性的丢失. 具体来说, 针对幂 "奇异性" $u(t) \sim (T_{bl} - t)^{-\beta}$, 其中 T_{bl} 是爆破时间 (下标 "bl" 是 blow-up 的缩写) 的情况, 对于任意 $t > T_{bl}$ 精度有效阶 $p_{(s)}^{eff}(t) \xrightarrow[s \to \infty]{} -\beta$. 这有助于寻找相应的幂数 β. 如果 $p_{(s)}^{eff}(t) \xrightarrow[s \to \infty]{} -\infty$ 对于任意 $t > T_{bl}$, 我们可以得出解是指数级地增长, 就是说 $u(t) = \infty$; 如果 $p_{(s)}^{eff}(t) \xrightarrow[s \to \infty]{} 0$ 对于任意 $t > T_{bl}$, 那么解在满足 "奇异性" 的邻域内的增长就是对数级的: $u(t) \sim \ln(T_{bl} - t)$. 相应结论可以在文献 [14,15] 中找到. 解的爆破时间 T_{bl} 可以根据时间 T_M 的基础网格区间的长度值的计算得出.

接下来给出基于修正的 MatLab 函数 ODESolving 的例子. 此函数通过 CROS1 方法在序号 s 的网格实现了问题 (1.1.1)的解 $u_{(s)}(t) \equiv u^{(r^{s-1}M)}(t)$ 的近似数值方法求解. 它只计算与基础网格 T_M 节点重合的节点选择网格点数值.

```
1  function u_basic = ODESolving(t_0,T,M_0,u_0,f,f_u,s,r)
2      % 函数计算常微分方程 (ODE) 的近似数值解
3
4      % 输入参数:
5      % t_0, T - 计时初始 (§ t0 §) 和终止 (§ T §) 时刻
6      % M_0 - 对时间的基础网格的区间数量
7      % u_0 - 初始条件
8      % f 和 f_u -定义所解的微分方程和它对 u 的导数的齐次性
9      % s - 网格序号, 在此网格求解 (如果 s = 1, 那么在基础网格求解)
10     % r - 网格加密的系数
11
```

```
12        % 输出参数:
13        % u_basic - 含有只和基础网格节点重合的微分方程解网格点数值的数组
14
15        % 构造加密 r(s − 1) 倍的序号为 s 的网格
16
17        M = M_0 * r ^ (s - 1);  % 计算序号 s 网格的区间数量
18        tau = (T - t_0)/M;  % 定义加密网格的步长
19        t = t_0:tau:T;         % 定义加密网格
20
21        % 分配内存给数组 u_basic, 在这上面将存储和基础网格节点重合的节点值
22        u_basic = zeros(1, M_0 + 1);
23
24        % 分配内存给在加密网格的解的节点值数组
25        u = zeros(1,M + 1);
26
27        u(1) = u_0;               % 给定初始条件
28
29        for m = 1:M
30
31            % CROS1 算法的实现
32            % (对于自治函数)
33            w_1 = (1 - (1 + 1i)/2*(t(m + 1) - t(m))*...
34                f_u(u(m)))^(-1)*f(u(m));
35            u(m + 1) = u(m) + (t(m + 1) - t(m))*real(w_1);
36
37        end
38
39        % 从数组 u 选择和基础网格重合的节点的节点值
40        for m = 1:(M_0 + 1)
41            u_basic(1,m) = u((m - 1)*r^(s - 1) + 1);
42        end
43
44    end
```

备注 1　再次注意到, 这里及以后当访问向量 u 和 t 的分量时, 所有的索引位移 +1, 因为在 MatLab 数组元素序号从 1 开始 (所以 $u_0 \equiv u(1)$, $u_1 \equiv u(2), \cdots, u_M \equiv u(M+1)$, 而 $t_0 \equiv t(1)$, $t_1 \equiv t(2), \cdots, t_M \equiv t(M+1)$).

备注 2　需要注意的是, 算法 CROS1 $\left(a_{11} = \dfrac{1+\mathrm{i}}{2}\right)$ 有助于在爆破解的数值诊断[14,15]中避开数值溢出. 所以这里给出的 MatLab 函数和所有以下的例子只针对算法 CROS1.

为了从基础网格 T_M, $M = 50$ 开始, 在不同的网格得到问题 (1.0.1)–(1.0.2) 的网格点解 $u_{(s)}(t) \equiv u^{(r^{s-1}M)}(t)$, $s = \overline{1, S}$, 我们给出了如下 MatLab 指令集.

```
1  % 定义计时开始和终止时刻
2  t_0 = 0; T = 2;
3
4  M = 50; % 定义基础网格的区间数量
5
6  f = @(u) u^2;          % 定义函数 (§ f(u) = u^2 §)
7  f_u = @(u) 2*u;        % 定义函数 (§ f_u(u) = 2u §)
8
9  u_0 = 1; % 定义初始条件
10
11 S = 10; % 网格数量, 在这些网格上寻找近似解
12 r = 2;  % 加密网格系数
13
14 % 分配内存给在不同序号为 (§ s = \overline{1,S} §) 的网格上的微分方程解网格点值的数组
15 % 第一个索引 - 来自加密网格序列的网格序号 s, 在这些加密网格寻找解
16 % 第二个索引定义数组 (对于固定的 s), 数组中存储和基础网格节点重合的节点值
17 array_of_u = zeros(S,M + 1);
18
19 % "大循环", 不断在加密网格的序列上计算解 S 次
20 % 解的节点值数组只包含和基础网格节点重合的节点值
21 for s = 1:S
22     u = ODESolving(t_0,T,M,u_0,f,f_u,s,r);
23     array_of_u(s,:) = u;
24     s
25 end
26
27 % 存储 "Workspace" 中对于将来处理解的爆破解诊断有用的数据
28 save('data.mat','array_of_u','M','r','S','t_0','T');
```

与基础网格相比, 由于在每个网格的计算时间增加了 r 倍, 在不同网格对近似解的寻找可以通过修改单独的代码实现, 这些代码计算所有对于接下来数值诊断必要的数据, 并存储到文件 data.mat 中. 它的内容将在后续运算中被输入函数载入主程序, 而不需要在加密网格序列上重复求解.

下面给出 MatLab 代码. 它利用之前 data.mat 里的数据来计算时间段 $t \in [t_0, T]$ 的近似解的精度有效阶 (1.2.9).

```
1  % 载入在不断加密 r 倍的网格序列上计算的近似解的结果
2  load('data.mat');
3
4  % 分配内存给在不同网格上近似解计算 (过程) 精度有效阶数值的数组
5  p_eff = zeros(S,1);
6
7  % 计算精度有效阶
8  p_eff(1) = NaN; % 无法计算 (§ p_{(1)}^{eff} §)
```

```
9   p_eff(2) = NaN; % 无法计算 (§ p_{(2)}^{eff} §)
10  for s = 3:S
11      p_eff(s) = log(...
12          sqrt(sum((array_of_u(s - 1,:) - ...
13          array_of_u(s - 2,:)).^2))/...
14          sqrt(sum((array_of_u(s,:) - ...
15          array_of_u(s - 1,:)).^2)))/...
16          log(r);
17  end
18
19  % 得出数值 (§ p_{(s)}^{eff} §) 序列
20  for s = 1:S
21      X = ['p^eff_(',int2str(s),')=',...
22          num2str(p_eff(s),'%6.4f')];
23      disp(X);
24  end
```

注意到, 我们的程序无法计算 $p_{(1)}^{eff}$ 和 $p_{(2)}^{eff}$ 是因为寻找此精度有效阶需要知道在前两个网格的近似解 (见 (1.2.9)).

在表 1.1 和表 1.2 中给出对于不同时间区间 $t \in [t_0, T]$ 的序列值 $p_{(s)}^{eff}$ 计算结果的例子. 容易看出, 对于存在柯西问题 (1.0.1)解的时间区间, 精度有效阶序列 $p_{(s)}^{eff}$ 收敛于理论精度阶 $p^{theor} \equiv p$. 对于不存在可行解的时间区间, 精度有效阶序列 $p_{(s)}^{eff}$ 很快收敛于小于零的数.

表 1.1 对于不同时间区间 $t \in [t_0, T] \equiv [0, T]$, 相同初始条件 $u_0 = 1$, 相同区间数 $M = 50$ 和网格加密系数 $r = 2$ 的初始网格 T_M 求解问题 (1.0.1) 的 $p_{(s)}^{eff}$

s	$T = 0.50$	$T = 0.90$	$T = 0.95$	$T = 0.99$	$T = 2.00$
3	1.9994	1.9356	1.7304	0.1521	−0.9986
4	1.9998	1.9830	1.9203	0.9111	−0.9999
5	2.0000	1.9957	1.9789	1.5437	−1.0000
6	2.0000	1.9989	1.9946	1.8555	−1.0000
7	2.0000	1.9997	1.9986	1.9606	−1.0000
8	2.0000	1.9999	1.9997	1.9899	−1.0000
9	2.0000	2.0000	1.9999	1.9974	−1.0000
10	2.0000	2.0000	2.0000	1.9994	−1.0000
11	2.0000	2.0000	2.0000	1.9998	−1.0000
12	1.9999	2.0000	2.0000	2.0000	−1.0000

接下来给出 MatLab 代码. 此代码利用已经创建的文件 data.mat 中的数据, 计算与基础网格节点重合的节点的近似解精度有效阶 (1.2.10). 它可以用来确定具体发生解爆破现象的时刻.

表 1.2　对于不同时间区间 $t \in [t_0, T] \equiv [0, T]$, 相同初始条件 $u_0 = 1$, 相同初始步长 $\tau = 0.01(M = T/0.01)$ 和网格加密系数 $r = 2$ 的网格 T_M 求解问题 (1.0.1) 的 $p_{(s)}^{eff}$

s	$T = 0.50$	$T = 0.90$	$T = 0.95$	$T = 0.99$	$T = 2.00$
3	1.9994	1.9803	1.9189	0.9294	−0.9996
4	1.9998	1.9950	1.9784	1.5443	−1.0000
5	2.0000	1.9987	1.9945	1.8547	−1.0000
6	2.0000	1.9997	1.9986	1.9603	−1.0000
7	2.0000	1.9999	1.9997	1.9898	−1.0000
8	2.0000	2.0000	1.9999	1.9974	−1.0000
9	2.0000	2.0000	2.0000	1.9994	−1.0000
10	2.0000	2.0000	2.0000	1.9998	−1.0000
11	2.0000	2.0000	2.0000	2.0000	−1.0000
12	1.9999	2.0000	2.0000	2.0000	−1.0000

```
1  % 载入在 S 个不断加细 r 倍网格组成的序列上得到的近似解计算结果
2  load('data.mat');
3
4  % 分配内存给除了 (§ t_0§) 的不同节点 (§ t_m, 1 ⩽ m ⩽ M §)(第二个数组的索引) 上
5  % 近似解计算 (过程) 精度有效阶数值的数组, 因为在那个排除的节点可行解精确给定.
6  % 同时在不同网格上 (第一个数组的索引) 进行操作
7  p_eff_ForEveryTime = zeros(S, M + 1);
8
9  % 精度有效阶的计算
10 for m = 2:(M + 1)
11
12     % 无法计算 (§ p_{(1)}^{eff}(t_m) §)  (§ p_{(2)}^{eff}(t_m) §)
13     p_eff_ForEveryTime(1,m) = NaN;
14     p_eff_ForEveryTime(2,m) = NaN;
15
16     for s = 3:S
17         p_eff_ForEveryTime(s,1) = inf;
18         p_eff_ForEveryTime(s,m) = log(...
19             abs(array_of_u(s-1,m)-array_of_u(s-2,m))/...
20             abs(array_of_u(s,m)-array_of_u(s-1,m)))/...
21             log(r);
22     end
23 end
24
25 % 优化序号为 s 的网格上的计算结果
26 %S = 8;
27 figure;
28 t = t_0:(T - t_0)/M:T; % 定义基础网格
29 % 画出精度理论阶和基础网格节点的相关关系
30 plot(t,t*0 + 2,'-*k','MarkerSize',3); hold on;
31 % 画出精度有效阶和基础网格节点的相关关系
32 plot(t(2:M+1),p_eff_ForEveryTime(S,2:M + 1),...
33     '-sk','MarkerSize',5,'LineWidth',1);
```

```
34  axis([t(1) t(M+ 1) -2.0 3.0]);
35  xlabel('t'); ylabel('p^{eff}');
```

图 1.3 展示了利用上述代码求解问题 (1.0.1)–(1.0.2)的结果. 取带有 $M = 50$ 个区间的网格作为基础网格, 并通过加密系数 $r = 2$ 进行逐次网格加细. 此图给出了在第 8 个网格上求解后的计算结果: 渐近精确解的逐点精度有效阶 $p_{(s)}^{eff}(t_m)$, $0 \leqslant m \leqslant M$ 的数值. 为了比较, 图 1.4 展示了对于不同 s 的函数 $p_{(s)}^{eff}(t)$ 的图像. 此图也通过实验的方式解释了展示在图 1.3 中的 $p_{(8)}^{eff}(t_m)$ 的渐近性.

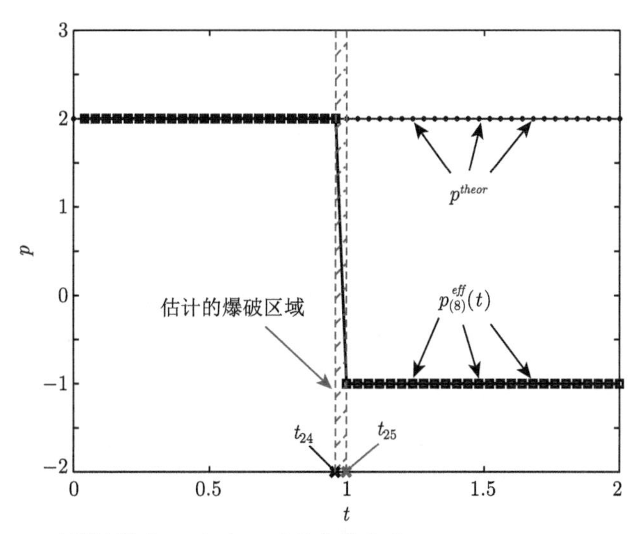

图 1.3 对于问题 (1.0.1)–(1.0.2)及参数集合: $M = 50$, $r = 2$, $S = 8$ 的精度有效阶 $p_{(S)}^{eff}(t_m)$, $0 \leqslant m \leqslant M$ 的计算结果

通常情况下, 我们不知道问题 (1.0.1)–(1.0.2)的精确解, 但我们可以进行如下分析. 在 $S = 8$ 个内嵌的网格进行计算后验精度逐点有效阶 $p_{(s)}^{eff}(t)$: 从 $m \leqslant 24$ 开始对于每个不同时刻 t_m 收敛于 $p^{theor} \equiv 2$ ($p = 2$ 对于使用的算法 CROS1). 对于 t_m, $m \geqslant 25$, 有 $p_{(s)}^{eff}(t_{25}) \to -1$. 这就是说, 当 $t = t_{25}$ 精确解已经不存在, 而当 $t = t_{24}$ 解很有可能仍然存在. 因此, 解的爆破发生在时刻 $T_{bl} \in (t_{24}, t_{25}] \equiv (0.960, 1.000]$. 此外, 根据上述论证爆破特性和精度有效阶的关系, 我们可以得出, 在点 T_{bl} 解有类似奇异点 $u(t) \sim (T_{bl} - t)^{-1}$ 的特性.

备注 3 令人遗憾的是, 数值方法很少能完全保证得到经典数学证明中给出的结果, 即 p^{eff} 不收敛于理论精度阶 (严格上来说, 不能在有限的步骤内得到). 我们仅从以下的事实出发: 在 p^{eff} 明显地 “收敛于” -1 之后发生趋势的变化, 这种情况在实践中是极少发生的. 而理论表明 (这次是十分严格地说), 在存在精确经典解的时候, 差分算法收敛于精确解, 那么根据这种收敛性的不存在性可以反推出经典解的不存在. 更进一步, 就像在文献 [14] 中展示的那样, 在爆破时刻之后当 $s \to +\infty$ 时 p^{eff} 的极限值可以得出特殊点的特性. 从另一方面来说, 精度有效阶明显地"收敛于"理论值有助于让我们确信在这种"吸引"区域存在经典解, 还有数值解对经典解的收敛性.

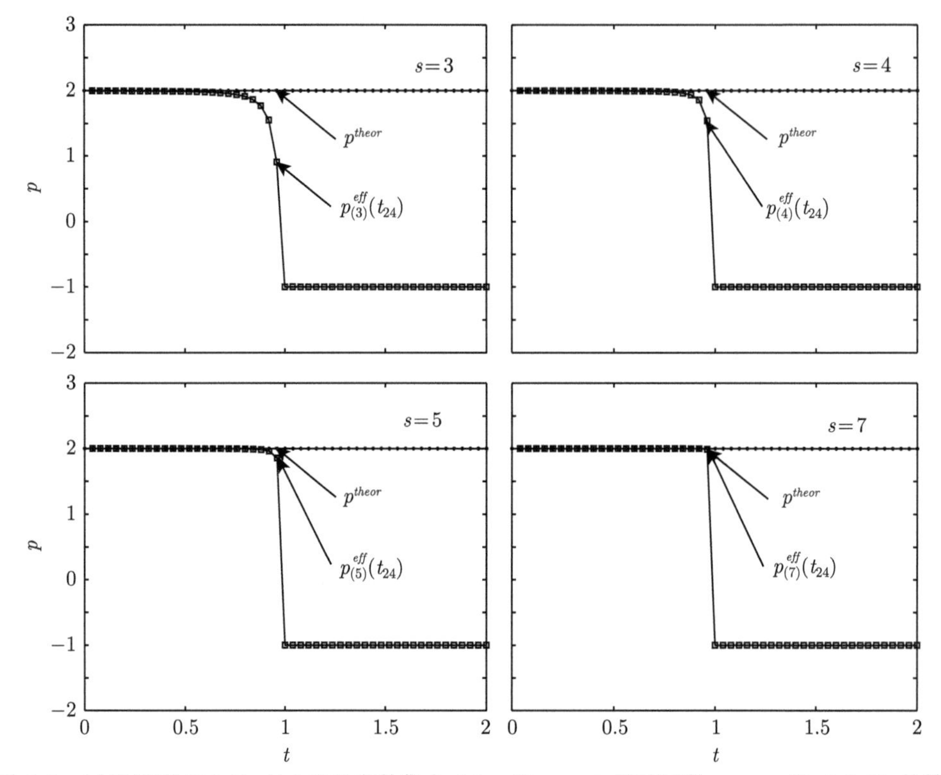

图 1.4 对于问题 (1.0.1)–(1.0.2)及参数集合 $M = 50$, $r = 2$ 和不同的 s: $s = \{3, 4, 5, 7\}$ 的精度有效阶 $p^{eff}_{(s)}(t_m)$, $0 \leqslant m \leqslant M$ 的计算结果

根据上述分析, 我们可以得出最终结论: 哪一部分在第 8 个内嵌的网格得到的数值解 (请看图 1.5) 可以被信任, 哪一部分不可以.

在本章的最后, 我们给出在第 8 个网格 $(s = 8)$ 得到的解所使用的 MatLab 代码.

```
1  % 载入在 S 个不断加细 r 倍网格组成的序列上得到的近似解计算结果
2  load('data.mat');
3
4  % 从在不同网格的解组成的数组中选择第 8 个网格的网格点解
```

```
5  s = 8;
6
7  u = array_of_u(s,:);
8
9  % 解的优化
10 figure;
11 t = t_0:(T - t_0)/M:T; % 定义对 t 的基础网格
12 plot(t,u,'-ok','MarkerSize',3,'LineWidth',1);
13 axis([0 2 -0 30]); xlabel('t'); ylabel('u');
```

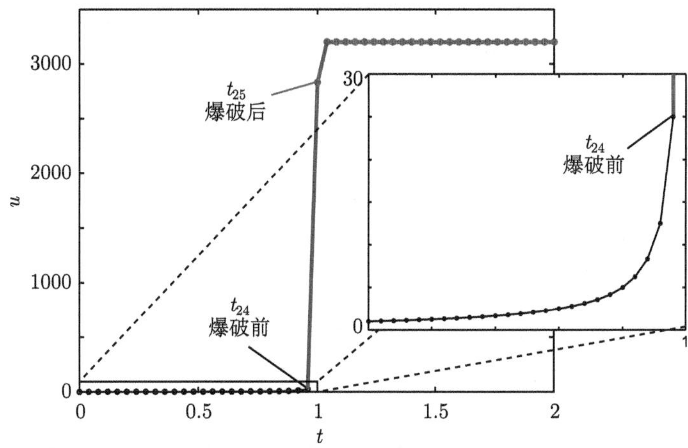

图 1.5 对于参数: $M = 50$, $r = 2$, $s = 8$ 的问题 (1.0.1)–(1.0.2)中 $u_{(s)}(t) \equiv u^{(r^{s-1}M)}(t)$ 的计算结果. 只标出和基础网格节点重合的节点

第 2 章　伪抛物线型偏微分方程边界问题的解的爆破分析

本章将对伪抛物线型偏微分方程边界问题的解的爆破进行数值分析, 并探讨其特性. 我们将讨论水中长波理论里的 Benjamin-Bona-Mahony-Burger 方程[21]. 我们的问题是: 找到定义在区间 $(x,t) \in [a,b] \times [t_0,T]$① 上并满足方程

$$
\begin{cases}
\dfrac{\partial}{\partial t}(u_{xx}-u)+u_{xx}+uu_x=0, \quad x\in(a,b], \quad t\in(t_0,T], \\
u(a,t)=0, \quad u_x(a,t)=0, \quad t\in(t_0,T], \\
u(x,t_0)=u_{init}(x), \quad x\in[a,b]
\end{cases}
\tag{2.0.1}
$$

的函数 $u(x,t)$. 与通过分析方法获得的先验估计 (若有) 相比, 分析出该解 (若存在) 爆破的事实, 并确定爆破点在时间和空间上的位置.

2.1　数值解的寻找

对于问题 (2.0.1)的数值解, 我们使用直接法 (MOL)[19,22,23]. 该方法的实质如下: 首先, 在空间变量中引入网格, 并对空间导数进行逼近, 使得带有偏微分方程的原始微分问题被大量的普通微分方程组 (以及可能的一定数量的近似边界条件的代数方程) 取代. 然后, 在所得的微分方程组中, 对时间导数进行了逼近, 使用具有复数系数 CROS1 的 Rosenbrock 一级算法可以最有效地完成这一工作[23,24].

因此, 首先我们仅在空间变量 x 中引入步长为 $h=(b-a)/N$(对应 $N+1$ 个网格节点) 带有 N 个区间的均分网格 X_N: $X_N=\{x_n,\ 0\leqslant n\leqslant N:\ x_n=a+nh\}$. 这样, 通过二阶精度空间导数的有限差分逼近我们得到微分代数方程组, 这个方程组需要定义 $N+1$ 个未知函数 $u_n\equiv u_n(t)\equiv u(x_n,t)$, $n=\overline{0,N}$:

① 我们提出持续到时间 T 的数值解的寻找问题, 尽管我们知道该时间下可能无解, 甚至在此之前可能出现爆破. 这是由于我们想要对数值解的爆破进行分析, 也就意味着需要找到该时间为止的数值解.

$$\begin{cases} \dfrac{\mathrm{d}}{\mathrm{d}t}\Big(\dfrac{u_{n+1}-2u_n+u_{n-1}}{h^2}-u_n\Big)+\dfrac{u_{n+1}-2u_n+u_{n-1}}{h^2} \\ \qquad\qquad +u_n\dfrac{u_{n+1}-u_{n-1}}{2h}=0, \quad n=\overline{1,N-1}, \quad t\in(t_0,T], \\ u_0=0, \quad \dfrac{-\dfrac{3}{2}u_0+2u_1-\dfrac{1}{2}u_2}{h}=0, \quad t\in(t_0,T], \\ u_n(t_0)=u_{init}(x_n), \quad n=\overline{0,N}. \end{cases}$$

为了方便后续转换, 我们将方程组改写成下面的形式, 把微分部分放在每个方程的左侧:

$$\begin{cases} \dfrac{\mathrm{d}u_{n-1}}{\mathrm{d}t}-\big(2+h^2\big)\dfrac{\mathrm{d}u_n}{\mathrm{d}t}+\dfrac{\mathrm{d}u_{n+1}}{\mathrm{d}t}=-\big(u_{n+1}-2u_n+u_{n-1}\big) \\ \qquad\qquad -\dfrac{h}{2}u_n\big(u_{n+1}-u_{n-1}\big), \quad n=\overline{1,N-1}, \quad t\in(t_0,T], \\ u_0=0, \quad u_1=\dfrac{3}{4}u_0+\dfrac{1}{4}u_2, \quad t\in(t_0,T], \\ u_n(t_0)=u_{init}(x_n), \quad n=\overline{0,N}. \end{cases}$$

得到的方程组即为微分代数方程组, 因为它既包含微分方程又包含代数方程 (两个由边界条件定义的方程). 通过将 u_0 和 u_1 $\left(u_0=0, u_1=\dfrac{1}{4}u_2\right)$ 代入前两个微分方程 (当 $n=\{1,2\}$ 时) 可以将方程组转化为纯微分形式:

$$\begin{cases} \dfrac{1}{4}\big(2-h^2\big)\dfrac{\mathrm{d}u_2}{\mathrm{d}t}=-\dfrac{1}{2}u_2-\dfrac{h}{8}u_2^2, \quad t\in(t_0,T], \\ -\Big(\dfrac{7}{4}+h^2\Big)\dfrac{\mathrm{d}u_2}{\mathrm{d}t}+\dfrac{\mathrm{d}u_3}{\mathrm{d}t}=-\Big(u_3-\dfrac{7}{4}u_2\Big)-\dfrac{h}{2}u_2\Big(u_3-\dfrac{1}{4}u_2\Big), \quad t\in(t_0,T], \\ \dfrac{\mathrm{d}u_{n-1}}{\mathrm{d}t}-\big(2+h^2\big)\dfrac{\mathrm{d}u_n}{\mathrm{d}t}+\dfrac{\mathrm{d}u_{n+1}}{\mathrm{d}t}=-\big(u_{n+1}-2u_n+u_{n-1}\big) \\ \qquad\qquad -\dfrac{h}{2}u_n\big(u_{n+1}-u_{n-1}\big), \quad n=\overline{3,N-1}, \quad t\in(t_0,T], \\ u_n(t_0)=u_{init}(x_n), \quad n=\overline{0,N}. \end{cases}$$

这个包含了 $N-1$ 个方程和 $N-1$ 个未知函数 u_n $(n=\overline{2,N})$ 的方程组可以写成如下向量形式:

$$\begin{cases} \boldsymbol{D}\dfrac{\mathrm{d}\boldsymbol{y}}{\mathrm{d}t}=\boldsymbol{f}\,(\boldsymbol{y}), \quad t\in(t_0,T], \\ \boldsymbol{y}(t_0)=\boldsymbol{y}_{init}, \end{cases} \tag{2.1.1}$$

其中 $\boldsymbol{y} = \left(u_2\ u_3\ \cdots\ u_N\right)^{\mathrm{T}}$, $\boldsymbol{f} = \left(f_1\ f_2\ \cdots\ f_{N-1}\right)^{\mathrm{T}}$ 且 $\boldsymbol{y}_{init} = \left(u_2(t_0)\ u_3(t_0)\ \cdots\ u_N(t_0)\right)^{\mathrm{T}}$.

这里向量函数 $\boldsymbol{f}$ 有如下结构:

$$f_n = \begin{cases} -\dfrac{1}{2}y_1 - \dfrac{h}{8}y_1^2, & 若\ n = 1, \\ -\left(y_2 - \dfrac{7}{4}y_1\right) - \dfrac{h}{2}y_1\left(y_2 - \dfrac{1}{4}y_1\right), & 若\ n = 2, \\ -\left(y_n - 2y_{n-1} + y_{n-2}\right) - \dfrac{h}{2}y_{n-1}\left(y_n - y_{n-2}\right), & 若\ n = \overline{3, N-1}. \end{cases}$$

下面给出 MatLab 函数的例子, 这个函数用于实现向量函数 $\boldsymbol{f}$ 的元素的计算.

```
1  function f = f(y,h,N)
2
3      % 函数计算所求常微分方程组右侧的向量
4
5      % 输入数据:
6      % y -在当前时间点的微分方程组向量解
7      % h -变量 x 的网格步数
8      % N - 变量 x 的网格区间数
9
10     % 输出数据:
11     % f -所求向量 f
12
13     f = zeros(N - 1,1);
14
15     f(1) = -1/2*y(1) - h/8*y(1)^2;
16     f(2) = -(y(2) - 7/4*y(1)) - ...
17         h/2*y(1)*(y(2) - 1/4*y(1));
18     for n = 3:(N - 1)
19         f(n) = -(y(n) - 2*y(n - 1) + y(n - 2)) + ...
20             -h/2*y(n - 1)*(y(n) - y(n - 2));
21     end
22
23 end
```

矩阵 $\boldsymbol{D}$ 有以下非零元素:

$$D_{n,n-2} = \begin{cases} 1, \quad 若\ n = \overline{3, N-1}, \end{cases}$$

$$D_{n,n-1} = \begin{cases} -\left(\dfrac{7}{4} + h^2\right), & 若\ n = 2, \\ -\left(2 + h^2\right), & 若\ n = \overline{3, N-1}, \end{cases}$$

$$D_{n,n} = \begin{cases} \frac{1}{4}(2-h^2), & \text{若 } n=1, \\ 1, & \text{若 } n=\overline{2, N-1}. \end{cases}$$

下面给出 MatLab 函数的例子, 用于实现矩阵 $\boldsymbol{D}$ 元素的计算.

```
1  function D = D(h,N)
2
3      % 函数计算所求常微分方程组的微分算子矩阵
4
5      % 输入数据:
6      % h -变量 x 的网格步数
7      % N -变量 x 的网格区间数
8
9      % 输出数据:
10     % D -所求微分算子矩阵
11
12     D = zeros(N - 1,N - 1);
13
14     D(1,1) = 1/4*(2 - h^2);
15     D(2,1) = -(7/4 + h^2);
16     D(2,2) = 1;
17     for n = 3:(N - 1)
18         D(n,n - 2) = 1;
19         D(n,n - 1) = -(2 + h^2);
20         D(n,n) = 1;
21     end
22
23 end
```

现在我们引入时间 t 下步数为 $\tau=(T-t_0)/M$ 且带有 M 个区间的均分网格 T_M(即 $M+1$ 个节点): $T_M=\{t_m,\ 0 \leqslant m \leqslant M:\ t_m=t_0+m\tau\}$.

最后我们可以用 Rosenbrock 算法 CROS1 来解方程组 (2.1.1):

$$\boldsymbol{y}(t_{m+1}) = \boldsymbol{y}(t_m) + (t_{m+1}-t_m)\,\mathrm{Re}\,\boldsymbol{w}_1,$$

此处 $\boldsymbol{w}_1$ 为代数方程组的解, (2.1.2)

$$\left[\boldsymbol{D} - \frac{1+\mathrm{i}}{2}(t_{m+1}-t_m)\,\boldsymbol{f_y}\Big(\boldsymbol{y}(t_m)\Big)\right]\boldsymbol{w}_1 = \boldsymbol{f}\,\Big(\boldsymbol{y}(t_m)\Big).$$

此处 $\boldsymbol{f_y}$ 为元素是 $(f_y)_{n,m} \equiv \dfrac{\partial f_n}{\partial y_m}$ 的矩阵 (雅可比矩阵), 该矩阵对于所研究的方程组有以下非零元素:

$$(f_y)_{n,n-2} = -1 + \frac{h}{2}y_{n-1}, \quad \text{若 } n=\overline{3, N-1},$$

$$
(f_y)_{n,n-1} = \begin{cases} \dfrac{7}{4} - \dfrac{h}{2}\left(y_2 - \dfrac{1}{2}y_1\right), & \text{若 } n = 2, \\ 2 - \dfrac{h}{2}(y_n - y_{n-2}), & \text{若 } n = \overline{3, N-1}, \end{cases}
$$

$$
(f_y)_{n,n} = \begin{cases} -\dfrac{1}{2} - \dfrac{h}{4}y_1, & \text{若 } n = 1, \\ -1 - \dfrac{h}{2}y_{n-1}, & \text{若 } n = \overline{2, N-1}. \end{cases}
$$

下面我们引入 MatLab 函数的例子, 用于实现雅可比矩阵元素的计算 $\boldsymbol{f_y}$.

```
1  function f_y = f_y(y,h,N)
2
3      % 函数计算所求常微分方程组右侧的雅可比矩阵
4
5      % 输入数据:
6      % y -在当前时间点微分方程组的向量解
7      % h -变量 x 的网格步数
8      % N -变量 x 的网格区间数
9
10     % 输出数据:
11     % f_y -所求雅可比矩阵
12
13     f_y = zeros(N - 1,N - 1);
14
15     f_y(1,1) = -1/2 - h/4*y(1);
16     f_y(2,1) = 7/4 - h/2*(y(2) - 1/2*y(1));
17     f_y(2,2) = -1 - h/2*y(1);
18     for n = 3:(N - 1)
19         f_y(n,n - 2) = -1 + h/2*y(n - 1);
20         f_y(n,n - 1) = 2 - h/2*(y(n) - y(n - 2));
21         f_y(n,n) = -1 - h/2*y(n - 1);
22     end
23
24 end
```

继续引入 MatLab 函数的例子, 该函数通过算法 (2.1.2)及前面的函数 f, D 和 f_y 实现问题 (2.0.1)在变式 (2.1.1)中的数值解的寻找.

```
1  function u = PDESolving(a,b,N_0,t_0,T,M_0,...
2      u_init,s,r_x,r_t)
3
4      % 函数寻找偏微分方程的近似数值解
5
6      % 输入变量:
```

```
7   % a,b -区域 (§ [a, b] §) 在变量 x 的边界
8   % (§ N_0§) -空间下的基础网格的区间数
9   % (§ t_0§, T) -计时开始 (§ t_0 §) 和终止 (§ T §) 时刻
10  % (§ M_0§) -时间下的基础网格的区间数
11  % (§ u_init§) -定义初始条件的函数
12  % s -网格序号, 在该网格求解 (若 s=1, 则在基础网格求解)
13  % (§ r_x ,r_t§) -网格加细至 x 和 t 的系数
14
15  % 输出变量:
16  % u-包含偏微分方程解的网格值的数组, 数组中节点
17  % 只和基础网格节点重合
18
19  % 构造对空间变量 x 加细 (§ r_x^(s-1)§) 倍
20  % 和对时间变量 t 加细 (§ r_t^(s-1)§) 倍的序号为 s 的网格
21
22
23  N = N_0*r_x^(s - 1);  % 序号为 s 的网格区间数的计算
24  M = M_0*r_t^(s - 1);
25
26  h = (b - a)/N;        % 确定 x 的网格步数
27  x = a:h:b;            % 确定 x 的加密网格
28  tau = (T - t_0)/M;    % 确定 t 的网格步数
29  t = t_0:tau:T;        % 确定 t 的加密网格
30
31  % 为数组 u 分配内存
32  % 在该数组第 m + 1 行
33  % 存储对应于时间点 t_m 的解的网格值
34  u = zeros(M_0 + 1,N_0 + 1);
35
36  % 为当前时间 (§ t_m §) 下微分方程组的解的网格值数组分配内存
37  y = zeros(1,N - 1);
38
39  % 所求微分方程组的初始条件值
40  for n = 1:(N - 1)
41      y(1,n) = u_init(x(n + 2));
42  end
43
44  % 从初始条件下的 (§ u_init§) 数组的第一行开始,
45  % 从与空间中基础网格的节点重合的节点中选择网格值
46  for n = 1:(N_0 + 1)
47      u(1,n) = u_init(x((n - 1)*r_x^(s - 1) + 1));
48  end
49
50  % 引入一个索引, 该索引负责在网格上选择编号为 s 的
51  % 与基础网格的时间点重合的时间点
52  % 在该时刻我们将跟踪在加密网格中
53  % 与基础网格中 (§ t_m_basic §) 对应的 (§ t_m §)
54  m_basic = 2;
```

```
55
56      for m = 1:M
57
58          % CROS1 算法实现
59
60          w_1 = (D(h,N) - (1+1i)/2*(t(m + 1) - ...
61              t(m))*f_y(y,h,N))\f(y,h,N);
62
63          y = y + (t(m + 1) - t(m))*real(w_1)';
64
65          % 执行加密网格中 (§ t_{m+1} §)
66          % 与基础网格中 (§ t_{m_basic} §) 的重合检验
67          if (m + 1) == (m_basic - 1)*r_t^(s - 1) + 1
68
69              % 偏微分方程原始题解的网格值数组的填充
70
71              % 考虑左边界条件
72              u(m_basic,1) = 0;
73              if s==1
74                  u(m_basic,2) = 1/2*y(1);
75              else
76                  u(m_basic,2) = y(r_x^(s - 1) - 1);
77              end
78
79              % 在当前时间点选择与基础网格节点对应的空间节点
80              % (边界除外, 在前面已经考虑过)
81              for n = 3:(N_0 + 1)
82                  u(m_basic,n) = y((n - 1)*r_x^(s - 1)- 1);
83              end
84
85              % 现在将关注加密网格中 (§ t_{m+1} §)
86              % 与基础网格中有序的 (§ t_{m_basic} §) 的重合
87              m_basic = m_basic + 1;
88
89          end
90
91      end
92
93  end
```

注释 注意 PDESolving 函数的一些特性.

1. 在函数中已经实现了在加密网格数列中寻找近似数值解的可能, 包括从仅与基础网格节点重合的节点中选择网格值. 在实现爆破解的数值分析时, 我们需要这个特性, 这在接下来的章节中也会考虑到. 现在我们将利用这个函数计算仅在单一 (基础) 网格下的解. 这种情况对应于输入参数 $s := 1$ 的值, 因此参数 r_x 和 r_t 的值并不重要, 目前不影响任何内容.

在图 2.1中给定算法, 该算法展示了向量 $\boldsymbol{y}(t_m)$ 的结构并解释代码 82 到 88 行, 其中实现了与基础网格的节点重合的节点的选择.

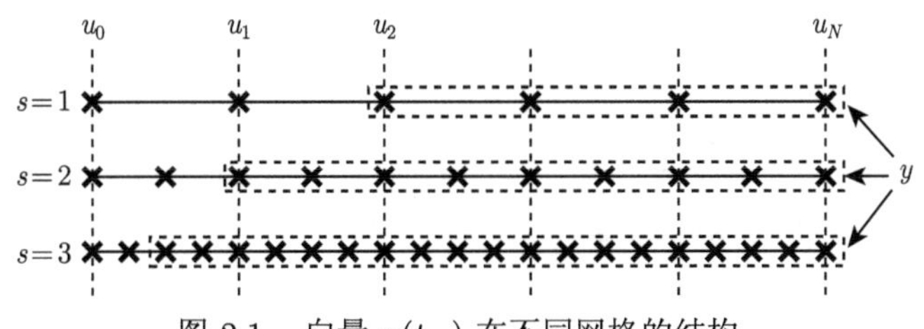

图 2.1 向量 $\boldsymbol{y}(t_m)$ 在不同网格的结构

2. 为了节省内存 (这对大数值 s 非常重要), 仅将当前计算时间下的向量 $\boldsymbol{y}(t_m)$ 的一组网格值存储在内存中.
3. 需要注意的是, 当访问向量 t 和 x 的分量时, 所有索引都有 $+1$ 的位移 (和之前的解析公式相比), 因为在 MatLab 中数组元素的编号从 1 开始 (因此 $x_0 \equiv x(1)$, $x_1 \equiv x(2), \cdots, x_N \equiv x(N+1)$).

例如, 可以使用以下命令集调用 PDESolving 函数, 这些命令被写入单独的 MatLab 文件 test_2_1_PDESolving.m 中, 扩展名为.m, 内容如下:

```
1  % 定义计时的初始和终止时间
2  t_0 = 0; T = 1.667;
3
4  % 定义区间 (§ x ∈ [a, b] §) 的边界
5  a = 0; b = 1;
6
7  % 定义基础网格的区间数
8  N = 50; M = 50;
9
10 % 定义初始条件
11 u_init = @(x) -100*sin(pi*x)^100+100*x^2;
12
13 s = 1;    % 网格编号 (仅基础网格)
14 r_x = 2; % x 的加密网格系数
15 r_t = 2; % t 的加密网格系数
16
17 u = PDESolving(a,b,N,t_0,T,M,u_init,s,r_x,r_t);
18
19
20 % 解决优化
21 figure;
22 x = a:(b - a)/N:b; % 定义 x 的基础网格
23 for m = 0:M
24     % 绘制初始条件图像
```

```
25      plot(x,u(1,:),'--k','LineWidth',1); hold on;
26      % 绘制时间 (§ t_m §) 下的解的图像
27      plot(x,u(m + 1,:),'-ok',...
28          'MarkerSize',3,'LineWidth',1); hold on;
29      axis([a b -120 120]); xlabel('x'); ylabel('u');
30      hold off; drawnow; pause(0.1);
31  end
```

该命令集将为问题 (2.0.1)的下列参数求解:

$$a = 0, \quad b = 1, \quad t_0 = 0, \quad T = 1.667,$$
$$u_{init}(x) = -100\sin(\pi x)^{100} + 100x^2, \tag{2.1.3}$$

其中空间与时间的网格参数如下:

$$N = 50, \quad M = 50. \tag{2.1.4}$$

注意, 将时间 T 作为爆破时间的理论上限, 即我们知道, 根据 (2.1.3), 当进行参数的选择时, 在区间 $[t_0, T]$ 发生了解的爆破.

在图 2.2 中展示了几组单独时刻 t_m 下的函数 $u(x, t_m)$ 的网格值.

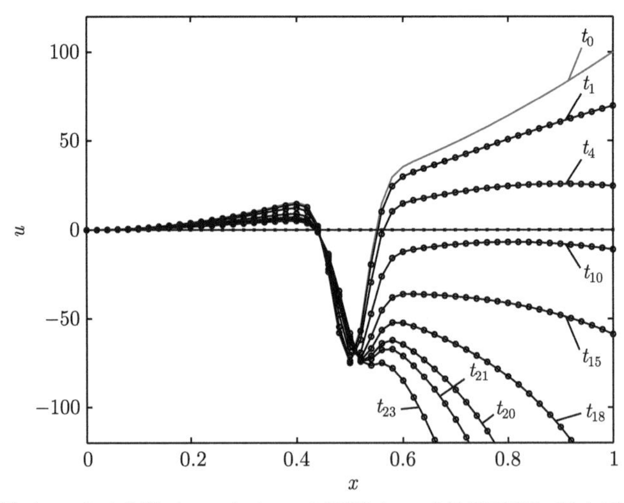

图 2.2　根据算法 (2.1.2)对参数 (2.1.3)–(2.1.4)问题 (2.0.1)的解示例. 图中展示了几组单独时刻 t_m 下的函数 $u(x, t_m)$ 的网格值

2.2　数值计算的优化

对于解的爆破现象的数值分析, 我们需要在不断加密网格序列中进行计算 (一般情况下, 在空间变量 x 加细 r_x 倍, 在时间变量 t 加细 r_t 倍). 随着序列 $s = \overline{1, S}$

上的网格序号 s 的增加, 网格尺寸 $X_{r_x^{s-1}N} \times T_{r_t^{s-1}M}$ 快速增长, 这会导致程序的运行时间显著增加, 有时还会导致计算机内存不足. 计算时间的显著增加主要是由于以下事实: 当通过高斯法求解代数方程组 (2.1.2)时, 需要执行 $O(N^3)$ 阶运算, 其中 N 是所求方程组的维数. 由于每次转换到下一时间点时需要对代数方程组求解, 程序的运行总时间与空间上的网格维度的立方和时间上的网格维度的一次方成比例. 但是方程组矩阵 (2.1.2)具有特殊的形式——其内部结构如图 2.3 所示 (非零元素只位于对角线和两个下方的副对角线上). 这使得我们可以开发出运算复杂度在 $O(N^1)$ 内的算法来对这种特殊形式的代数方程组求解. 该算法无论在计算执行时间方面 (运算复杂度为 $O(N^1)$), 还是在算法操作所需内存方面 (这对 S 值非常大时在非常密集的网格的计算至关重要), 对于实现用高斯法对特殊形式矩阵的代数方程组求解都高效得多. 最主要的是, 程序运行总时间将与空间上的网格维度的一次方和时间上的网格维度的一次方成比例. 在下文中, 我们一般把这个开发的算法称为退化高斯法 (此名称并不通用).

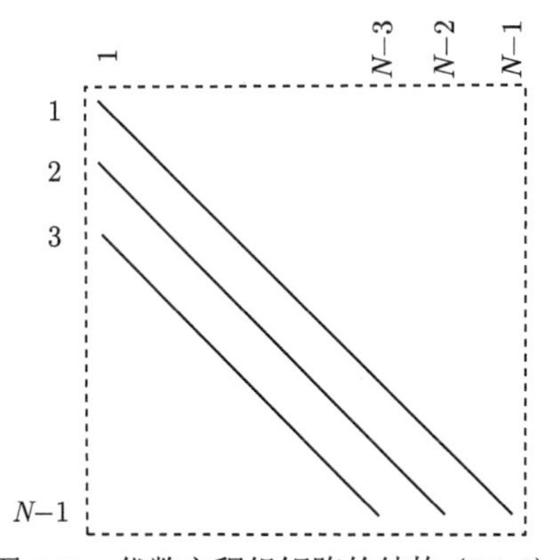

图 2.3 代数方程组矩阵的结构 (2.1.2)

现在, 假设有形如 $AX = B$ 的代数方程组, 其中矩阵 A 有如图 2.3所示的特殊形式. 为了方便, 我们假设矩阵大小为 $N \times N$. 矩阵 A 在内存中的存储形式不为二维数组 (需要存储 $3 \times N$ 个元素), 而是三个数组, 这些数组含有位于相应对角线上的矩阵非零元素.

注释 由图 2.3 可知, 对角线具有不同的长度, 但是为了便于算法的程序实现, 我们将把它们的值存储在相同长度 N 的数组中. 因此第一个副对角线的元素将从数组的第二个元素开始写入相应的数组, 第二个副对角线的元素将从数组的第三个元素开始写入相应的数组.

下面将给出 MatLab 函数的例子, 该函数用于实现对 $AX = B$ 的代数方程组求解的其中一种可能的算法, 其中矩阵 A 有特殊形式 (图 2.3), 函数仅使用长度

为 N 的 4 个一维数组作为输入: 前三个数组包含矩阵 A 的位于对角线和两个副对角线上的非零元素, 第四个包含右侧的向量.

```
1  function X = SpecialMatrixAlgorithm ...
2       (diag_m,diag_d_1,diag_d_2,B)
3
4       % 函数实现 AX = B 代数方程组的求解
5       % 其中矩阵 A 具有特殊形式
6       % 其非零元素仅位于对角线和两个下侧副对角线
7
8       % 输入变量:
9       % diag_m, diag_d_1, diag_d_2 -
10      % m - 长度为 N 的数组
11      % 包含矩阵 A 的位于对角线和两个下侧副对角线的非零元素
12      % (不使用数组元素 diag_d_1(1), diag_d_2(1)
13      % 和 diag_d_2(2))
14      % B - 长度为 N 的右侧向量
15
16      N = length(B);
17      X = zeros(N,1);
18
19      % 通过将位于主对角线下方的矩阵 A 的元素归零
20      % 将方程组简化为具有对角线形式的矩阵方程组
21
22      for n = 1:(N - 2)
23          c = diag_d_1(n + 1)/diag_m(n);
24          B(n + 1) = B(n + 1) - c*B(n);
25          c = diag_d_2(n + 2)/diag_m(n);
26          B(n + 2) = B(n + 2) - c*B(n);
27      end
28      c = diag_d_1(N)/diag_m(N - 1);
29      B(N) = B(N) - c*B(N - 1);
30
31      % 解 X
32      for n = 1:N
33          X(n) = B(n)/diag_m(n);
34      end
35
36 end
```

因此, 为了使用研发的退化高斯法来对代数方程组 (2.1.2) 进行求解, 首先需要构造含有对应矩阵位于对角线的非零元素的数组

$$\left[\boldsymbol{D}-\frac{1+\mathrm{i}}{2}\left(t_{m+1}-t_{m}\right)\boldsymbol{f}_{\boldsymbol{y}}\Big(\boldsymbol{y}(t_{m})\Big)\right].$$

下面将引入对应的 MatLab 函数的例子, 实际上该函数是在前面提到的函数

D 和 f_y 基础上小作修改.

```
1  function [diag_m,diag_d_1,diag_d_2] = ...
2        DiagonalsPreparation(y,tau,h,N)
3
4      % 函数构造数组
5      % 数组包含矩阵 [D - (1+1i)/2*tau*f_y(y)]
6      % 位于对角线和两个下侧副对角线的非零元素
7
8      % 输入数据:
9      % y -在当前时间点的微分方程组的向量解
10     % tau -当前时间步数
11     % h -变量 x 上的网格步数
12     % N - 变量 x 上的网格区间数
13
14     % 输出变量:
15     % diag_m,diag_d_1,diag_d_2 -所求数组
16
17     % 为所求数组分配内存
18     diag_m = zeros(1,N-1);
19     diag_d_1 = zeros(1,N-1);
20     diag_d_2 = zeros(1,N-1);
21
22     diag_m(1) = 1/4*(2 - h^2) - ...
23         (1+1i)/2*tau*(-1/2 - h/4*y(1));
24     diag_m(2) = 1 - (1+1i)/2*tau*(-1 - h/2*y(1));
25     diag_d_1(2) = -(7/4 + h^2) - ...
26         (1+1i)/2*tau*(7/4 - h/2*(y(2) - 1/2*y(1)));
27     for n = 3:(N - 1)
28         diag_m(n) = 1 - (1+1i)/2*tau*(-1 - h/2*y(n - 1));
29         diag_d_1(n) = -(2 + h^2) - (1+1i)/2*tau*...
30             (2 - h/2*(y(n) - y(n - 2)));
31         diag_d_2(n) = 1 - (1+1i)/2*tau*...
32             (-1 + h/2*y(n - 1));
33     end
34
35 end
```

最后为了在 MatLab 的 PDESolving 函数中使用这些函数, 需要用下面的命令集替换第 68 行到 73 行上的代码块 (此时不再使用 D 和 f_y 函数).

```
1      % 算法 CROS1 的实现
2
3      % 构造包含矩阵 [D - (1+1i)/2*tau*f_y(y)] 的
4      % 位于主对角线和两个下侧副对角线的非零元素的数组
5      [diag_m,diag_d_1,diag_d_2] = ...
```

```
6           DiagonalsPreparation(y,t(m + 1) - t(m),h,N);
7
8       % 使用退化高斯法找到 w_1
9       w_1 = SpecialMatrixAlgorithm...
10          (diag_m,diag_d_1,diag_d_2,f(y,h,N));
11
12      y = y + (t(m + 1) - t(m))*real(w_1)';
```

当寻找问题 (2.0.1)的近似解时, 需要进行下一个时间点的转化, 让我们比较一下实现该转化的以下两个算法的操作数: 一般高斯法和前面改造后的算法.

如前所述, 在使用一般高斯法时算法运行时间和方程组 (2.1.2)矩阵大小的立方成比例, 对该问题来说, 运行时间成比例于

$$\sim \frac{2}{3}(N-1)^3 \sim \frac{2}{3}N^3 \sim O(N^3).$$

在使用退化高斯法实现时, 程序运行时间将成比例于

$$\sim 7N - 9 \sim O(N^1).$$

可见, 在使用退化高斯法实现时运行时间大大缩短.

2.3 以程序代码形式实现数值算法的正确性检验

在数值算法的开发以及后续的程序编写中, 任何人都有可能犯错 (而且甚至可能不止一个人). 因此, 有必要掌握检验数值算法及其程序实现正确性的方法. 有一种检验正确性的经典方法: 对已知确定解的输入数据集进行测试计算. 然后, 在算法正确实现情况下, 被用来寻找解的网格维度增加了, 近似数值解应该很明显地趋近精确解.

我们正在考虑的问题类别的特征之一是, 不可能为问题的任何输入数据集构造具有已知精确解的模型示例. 关于这方面, 我们建议使用以下方法.

我们更改问题 (2.0.1)的公式, 以便于能够构建有已知解的例子, 但与此同时, 我们要确保对原方案的改动尽可能小. 为此, 我们在原始方程的右侧引入了不均匀性函数 $f_{model}(x,t)$:

$$\begin{cases} \dfrac{\partial}{\partial t}\big(u_{xx}-u\big)+u_{xx}+uu_x=f_{model}(x,t), \quad x\in(a,b], \quad t\in(t_0,T], \\ u(a,t)=0, \quad u_x(a,t)=0, \quad t\in(t_0,T], \\ u(x,t_0)=u_{init}(x), \quad x\in[a,b]. \end{cases}$$

这样就可以把任何满足边界条件的函数 $u_{model}(x,t)$ 设置为精确模型解. 例如, 如果我们想的话, 修改后的问题的精确解可以是定义在区间 $[a,b] \equiv [0,1]$ 上的函数

$$u_{model}(x,t) = \mathrm{e}^{-t}\big(100x^2 - 100\sin^{100}(\pi x)\big),$$

我们可以将该函数代入方程组, 并确定

$$\begin{aligned}
f_{model}(x,t) = {} & \mathrm{e}^{-t}\big(100x^2 - 100\sin^{100}(\pi x)\big) \\
& + \mathrm{e}^{-2t}(200x - 10\,000\pi\cos(\pi x)\sin^{99}(\pi x)) \\
& \times \big(100x^2 - 100\sin^{100}(\pi x)\big), \\
u_{init}(x) = {} & \mathrm{e}^{-t_0}\big(100x^2 - 100\sin^{100}(\pi x)\big).
\end{aligned}$$

由于原问题 (2.0.1)的修改, 常微分方程组 (2.1.1)不再具有自治性, 因为方程组的右侧——向量函数 $\boldsymbol{f}$ ——将取决于时间变量 t (存在于 $f_{model}(x,t)$ 中的非均一性的时间变量):

$$\begin{cases} \boldsymbol{D}\dfrac{\mathrm{d}\boldsymbol{y}}{\mathrm{d}t} = \boldsymbol{f}\,(\boldsymbol{y},t), \quad t \in (t_0, T], \\ \boldsymbol{y}(t_0) = \boldsymbol{y}_{init}, \end{cases}$$

也就是说, 向量函数 $\boldsymbol{f}$ 将有以下结构:

$$f_n = \begin{cases} -\dfrac{1}{2}y_1 - \dfrac{h}{8}y_1^2 + f_{model}(x_1,t)\,h^2, & n = 1, \\ -\Big(y_2 - \dfrac{7}{4}y_1\Big) - \dfrac{h}{2}y_1\Big(y_2 - \dfrac{1}{4}y_1\Big) + f_{model}(x_2,t)\,h^2, & n = 2, \\ -\big(y_n - 2y_{n-1} + y_{n-2}\big) & \\ \qquad\qquad -\dfrac{h}{2}y_{n-1}\big(y_n - y_{n-2}\big) + f_{model}(x_n,t)\,h^2, & n = \overline{3, N-1}. \end{cases}$$

下面是 MatLab 函数 f 的相应修改的例子, 与之相对较早引入的主要区别是存在额外的输入参数——变量 t.

```
1    function f = f(y,x,h,N,t)
2      % 该函数计算可解的常微分方程组的右侧向量
3
4      % 输入数据:
5      % y – 常微分方程组在当前时间层面的解向量
6      % x – 变量 x 的网格
7      % h – 变量 x 的网格间距
8      % N – 变量 x 的网格间隔数
```

```
 9      %t - 当前时刻
10
11      % 输出数据:
12      %f - 所求向量 f
13
14    f = zeros(N-1,1);
15
16    f(1) = -1/2*y(1) - h/8*y(1)^2 +...
17         f_model(x(2),t)*h^2;
18    f(2) = -(y(2) - 7/4*y(1)) - ...
19         h/2*y(1)*(y(2) - 1/4*y(1))+...
20         f_model(x(3),t)*h^2;
21
22    for n = 3:(N-1)
23        f(n) = -(y(n)-2*y(n-1) + y(n-2)) + ...
24               -h/2*y(n-1)*(y(n) - y(n-2)) + ...
25               f_model(x(n + 1),t)*h^2;
26    end
27
28  end
```

附注 请再次注意以下事实: 当转变向量 x 的分量时, 所有的序数平移了 +1(与上面的解析公式相比), 这是因为在 MatLab 中, 数组元素的编号从 1 开始 (因此 $x_0 \equiv x(1)$, $x_1 \equiv x(2), \cdots, x_N \equiv x(N+1)$).

这里还使用了 MatLab 函数 f_model, 该函数定义了模型函数 $f_{model}(x,t)$. 例如, 该函数可以通过以下形式实现:

```
1    function f_model = f_model(x,t)
2
3      % 函数给出了模型函数 (§ f_model(x,t) §)
4
5      f_model = exp(-t)*(100*x^2 - 100*sin(pi*x)^100) + ...
6           exp(-2*t)*(200*x -10000*pi*cos(pi*x)*...
7           sin(pi*x)^99)*(100*x^2 - 100*sin(pi*x)^100);
8    end
```

由于常微分方程组 (2.1.1)不再是自治的 (这意味着 $\boldsymbol{f}$ 的右侧不再明确依赖于 t), 因此具有复系数的第一阶段 Rosenbrock 方案 CROS1 将有以下形式:

$$\boldsymbol{y}(t_{m+1}) = \boldsymbol{y}(t_m) + (t_{m+1} - t_m)\,\mathrm{Re}\,\boldsymbol{w}_1\,,$$

$\boldsymbol{w}_1$ 是如下线性方程组的解,

$$\left[\boldsymbol{D} - \frac{1+\mathrm{i}}{2}(t_{m+1} - t_m)\,\boldsymbol{f_y}\Big(\boldsymbol{y}(t_m), t_m\Big)\right]\boldsymbol{w}_1 = \boldsymbol{f}\left(\boldsymbol{y}(t_m), \frac{t_m + t_{m+1}}{2}\right).$$

请注意, 此方案中的变量 t 的近似顺序仍然等于 2.

结果, 修改后的 MatLab 函数 PDE 求解与原函数之间的不同, 仅在于位于 68 行到 73 行并负责实现 CROS1 方案的那段代码将必须替换为以下代码:

```
1    % CROS1 方案的实现
2
3    w_1 = (D(h,N) - (1+1i)/2*(t(m + 1) - t(m))*...
4    f_y(y,h,N))\f(y,x,h,N,(t(m + 1) + t(m))/2);
5
6    y = y + (t(m + 1) - t(m))*real(w_1)';
```

或者, 在使用退化高斯法的情况下:

```
1    % CROS1 方案的实现
2
3    % 准备包含非零矩阵元素的数组
4    % [D - (1+1i)/2*tau*f_y(y)],
5    % 位于对角线和两个更低的余对角线
6    [diag_m,diag_d_1,diag_d_2] = ...
7          DiagonalsPreparation(y,t(m + 1) - t(m),h,N);
8
9    % 使用退化高斯法搜寻 w_1
10   w_1 = SpecialMatrixAlgorithm...
11        (diag_m,diag_d_1,diag_d_2,...
12        f(y,h,N,(t(m + 1) + t(m))/2));
13
14   y = y + (t(m + 1) - t(m))*real(w_1)';
```

最后, 在 MatLab 代码的第 16 行之后需要插入以下代码, 这将允许在一张图上显示找到的近似数值解和精确模型解, 当细化在其上寻求近似解的网格时, 这将有可能很直观地验证近似解趋近于精确解.

```
1    % 绘制初始条件图表
2    t = t_0:(T - t_0)/M:T;  % 用 t 确定基础网格
3    u_model = exp(-t(m + 1))*...
4        (-100*sin(pi*x).^100 + 100*x.^2);
5    plot(x(1:k:N+1),u_model,'-*g',...
6        'LineWidth',1); hold on;
```

请注意, 使用这种具有已知精确解的模型示例的构造, 仅对函数 $\boldsymbol{f}$ 和 CROS1 方案进行了轻微的修改. 在检验了相应数值算法的正确性之后, 设置 $f_{model}(x,t) = 0$, 我们将系统恢复为原形式 (2.0.1).

2.4　爆破解的数值判断

关于爆破解的数值判断的一般方法已在第 1 章 (基于常微分方程的柯西问题) 讨论过, 本节拟将该方法推广到拟抛物线型偏微分方程的初始边界问题.

假设我们找到了初始边界问题 (2.0.1)的网格解, 并使用了一个方案, 该方案在一个统一的基础网格 $X_N \times T_M$ 上使用了精度为 p_x 的空间变量 x 和精度为 p_t 的时间变量 t: $X_N \times T_M = \{(x_n, t_m),\ 0 \leqslant n \leqslant N,\ 0 \leqslant m \leqslant M:\ x_n = a + nh,\ t_m = t_0 + m\tau,\ h = (b-a)/N,\ \tau = (T-t_0)/M\}$. 这意味着, 对于所有的节点 $(x,t) \in X_N \times T_M$, 下方等式恒成立

$$u(x,t) = u^{(N,M)}(x,t) + O(h^{p_x} + \tau^{p_t}). \tag{2.4.1}$$

这里上标 (N,M) 表示 $u^{(N,M)}(x,t)$ 为 $u(x,t)$ 在网格大小为 $N \times M$ (分别对应于变量 x 和 t) 的数值解.

现在将关系 (2.4.1)重写为以下形式

$$\begin{aligned} u(x,t) =& u^{(N,M)}(x,t) + c_x(x,t)h^{p_x} + c_t(x,t)\tau^{p_t} \\ &+ O(h^{p_x+1} + \tau^{p_t+1}). \end{aligned} \tag{2.4.2}$$

这里突出强调 $u(x,t)$ 的近似计算误差 $u(x,t) - u^{(N,M)}(x,t)$ 的泰勒展开主项 $R^{(N,M)}(t) \equiv c_x(x,t)h^{p_x} + c_t(x,t)\tau^{p_t}$. 这种情况下, 我们假设解的相应连续导函数存在.

假设 $u^{(N,M)}(x,t)$, $(x,t) \in X_N \times T_M$ 的计算是根据已知空间和时间变量精度分为 p_x 和 p_t 的方案, 在固定网格间距 N 和 M(通过每个变量的网格步长 h 和 τ 的数目是唯一确定的) 上进行的. 也就是说, 方程 (2.4.2)包含三个未知数: $u(x,t)$, $c_x(x,t)$ 和 $c_t(x,t)$. 为了找到三个未知数, 我们需要三个方程. 同时, 如果把项 $c_x(x,t)h^{p_x} + c_t(x,t)\tau^{p_t}$ 看作一个未知数, 我们只需要两个方程. 在空间变量 x 压缩 r_x 倍, 时间变量 t 压缩 r_t 倍的网格上 (即, 在对应区间 $[a,b]$ 和 $[t_0,T]$ 上包含有 r_xN 和 r_tM 个间距的网格) 计算, 得到第二个方程:

$$\begin{aligned} u(x,t) =& u^{(r_xN,r_tM)}(x,t) + c_x(x,t)\left(\frac{h}{r_x}\right)^{p_x} + c_t(x,t)\left(\frac{\tau}{r_t}\right)^{p_t} \\ &+ O\left(\left(\frac{h}{r_x}\right)^{p_x+1} + \left(\frac{\tau}{r_t}\right)^{p_t+1}\right). \end{aligned} \tag{2.4.3}$$

从方程 (2.4.3)中减去方程 (2.4.2), 从得到的等式中我们尝试表示 $c_x(x,t)h^{p_x} + c_t(x,t)\tau^{p_t}$. 仅当方程 (2.4.3)的右侧加数 $c_x(x,t)h^{p_x}$ 与 $c_t(x,t)\tau^{p_t}$ 拥有公因子的时

候, 这样做才能成功. 仅当下述关系成立时, 这才有可能.

$$
{r_x}^{p_x} = {r_t}^{p_t}, \tag{2.4.4}
$$

这确定了不同变量中网格 r_x 与 r_t 加密系数与方案 p_x 和 p_t 的精度阶数的一致性 (有关多维问题中加密系数选择特性的更详细讨论, 请参见文献 [17] 的 4.2 节).

当满足关系 (2.4.4)时, 得到如下结果

$$
\begin{aligned}
& c_x(x,t)h^{p_x} + c_t(x,t)\tau^{p_t} \\
= & \frac{u^{(r_xN,r_tM)}(x,t) - u^{(N,M)}(x,t)}{{r_t}^{p_t} - 1}\frac{{r_t}^{p_t}}{\tau^{p_t}} + O(h^1 + \tau^1).
\end{aligned} \tag{2.4.5}
$$

由此可见,

$$
\begin{aligned}
R^{(r_xN,r_tM)}(x,t) &\equiv c_x(x,t)\left(\frac{h}{r_x}\right)^{p_x} + c_t(x,t)\left(\frac{\tau}{r_t}\right)^{p_t} \\
&= \frac{u^{(r_xN,r_tM)}(x,t) - u^{(N,M)}(x,t)}{{r_t}^{p_t} - 1} + O(h^{p_x+1} + \tau^{p_t+1}).
\end{aligned} \tag{2.4.6}
$$

等式 (2.4.6)右边的分数是精确解 $u(x,t)$ 泰勒展开式的主项 (即, 最慢递减) 的后验渐近精确估计, 也即, 近似计算 $u(x,t)$ 误差 $u(x,t) - u^{(r_xN,r_tM)}(x,t)$ 的泰勒展开主项的后验渐近精确估计. 由此可知

$$
u(x,t) = u^{(r_xN,r_tM)}(x,t) + R^{(r_xN,r_tM)}(x,t) + O(h^{p_x+1} + \tau^{p_t+1}).
$$

由此出发, 当 $(h,\tau) \to 0$ 时, 项 $R^{(r_xN,r_tM)}(x,t)$ 超过了误差 $u(x,t) - u^{(r_xN,r_tM)}(x,t)$ 泰勒展开的全部余项, 他可以被理解为计算误差 $u^{(r_xN,r_tM)}(x,t)$ 的后验渐近精确估计. 下面将使用 $R^{(r_xN,r_tM)}(x,t)$ 表示, 省略 $O(h^{p_x+1} + \tau^{p_t+1})$(但同时不要忘记相应公式的渐近性质), 数值

$$
R^{(r_xN,r_tM)}(x,t) = \frac{u^{(r_xN,r_tM)}(x,t) - u^{(N,M)}(x,t)}{{r_t}^{p_t} - 1}, \tag{2.4.7}
$$

这是经典的 Runge-Romberg 公式 (1.2.5)在计算两个变量函数情况下的推广.

在另一个网格上执行计算 ——在相应变量中使用间隔数 r_x^2N 和 r_t^2M ——将能够计算

$$
\begin{aligned}
& R^{(r_x^2N,r_t^2M)}(x,t) \equiv c_x(x,t)\left(\frac{h}{r_x^2}\right)^{p_x} + c_t(x,t)\left(\frac{\tau}{r_t^2}\right)^{p_t} \\
= & \frac{u^{(r_x^2N,r_t^2M)}(x,t) - u^{(r_xN,r_tM)}(x,t)}{{r_t}^{p_t} - 1} + O(h^{p_x+1} + \tau^{p_t+1}).
\end{aligned}
$$

注意,

$$
\begin{aligned}
R^{(r_xN,r_tM)}(x,t) &\equiv c_x(x,t)\Big(\frac{h}{r_x}\Big)^{p_x}+c_t(x,t)\Big(\frac{\tau}{r_t}\Big)^{p_t},\\
R^{(r_x^2N,r_t^2M)}(x,t) &\equiv c_x(x,t)\Big(\frac{h}{r_x^2}\Big)^{p_x}+c_t(x,t)\Big(\frac{\tau}{r_t^2}\Big)^{p_t},
\end{aligned}
\tag{2.4.8}
$$

根据这两个变量的范数之比, 只要满足关系 (2.4.4), 就可以找到一个精度有效阶的表达式

$$
p^{eff}=\log_{r_t}\frac{\|R^{(r_xN,r_tM)}(x,t)\|_{X_N\times T_M}}{\|R^{(r_x^2N,r_t^2M)}(x,t)\|_{X_N\times T_M}},
\tag{2.4.9}
$$

使用以上表达式在时间区间 $t\in[t_0,T]$ 上计算近似解, 并具有以下性质: 在 $(h,\tau)\to 0$ 时 ${p_t}^{eff}\to {p_t}^{theor}\equiv p_t$. 这些表达式中的范数是欧几里得范数, 是基础网格 $X_N\times T_M$ 上 $N\times M$ 个函数值的平方和再开根号. 请注意, 我们提到的是精度有效阶, 因为它是基于可用近似解计算的, 而忽略了公式 (2.4.7) 的近似性质 (与 (2.4.6) 相较而言).

可以对网格的每一层 $t\in T_M$ 单独计算精度有效阶数. 可以从表达式 (2.4.8)范数的比中得到相应的公式:

$$
{p_t}^{eff}(t)=\log_{r_t}\frac{\|R^{(r_xN,r_tM)}(x,t)\|_{X_N}}{\|R^{(r_x^2N,r_t^2M)}(x,t)\|_{X_N}},
\tag{2.4.10}
$$

仅根据网格 X_N 取范数, 而 $t\in T_M$ 是参数.

同样, 可以在固定时间 t 上针对每个单独的 $x\in X_N$ 逐点计算精度有效阶数. 可以从基础网格的每个节点上的表达式 (2.4.8)的比中得到相应的公式:

$$
{p_{xt}}^{eff}(x,t)=\log_{r_t}\frac{R^{(r_xN,r_tM)}(x,t)}{R^{(r_x^2N,r_t^2M)}(x,t)}.
\tag{2.4.11}
$$

应当理解, 如果误差的泰勒展开高阶项表面上多于 p 阶主项, 则 (2.4.11) 的对数参数可能变为负数.

例如, 如果在特定问题上特定点主项的系数偶然等于零, 或网格仍然过于粗糙, 这是有可能发生的. 因此, 实际上, 为了避免计算的事故性中断, 在 (2.4.11) 使用分子与分母模块是有意义的.

现在描述一种实用的算法, 用于估算精度有效阶数, 接下来, 它将有可能判断出爆破解存在的事实.

附注 我们已经以精度 $O(h^2)$ 近似了 (2.0.1)中的所有空间导数, 而对于系统 (2.1.1)的数值积分, 我们使用精度约为 $O(\tau^2)$ 的方案 CROS1 (2.1.2). 因此方程组 (2.0.1)解的构造方法具有精度 $O(\tau^2+h^2)$, 即 $p_x=p_x^{theor}\equiv 2$ 和 $p_t=p_t^{theor}\equiv 2$. 由此可知, 由条件 (2.4.4)可以推出, 为了满足 Runge-Romberg 公

式 (2.4.7)的使用条件, 在不同变量中的加密系数 r_x 与 r_t 应当满足关系 $r_x = r_t$. 对于计算, 最方便的选择是 $r_x = r_t \equiv 2$.

首先我们引入基础网格 $X_N \times T_M$: $\{x_n, t_m\}$, $0 \leqslant m \leqslant M$. 然后从基础网格开始, 对网格进行逐步细化, 根据数值方法得到网格 $T_{r^{s-1}M}$ (s 为网格集 $s = \overline{1, S}$ 上的网格数), 在其上求出此方程的解, 该方案下, 空间变量 x 具有精度 p_x, 时间变量 t 具有精度 p_t.

$$u_{(s)}(x,t) \equiv u^{(r_x^{s-1}N, r_t^{s-1}M)}(x,t).$$

在这种情况下, 如上所述, 如果 r_x 与 r_t 是整数, 则每一个后续的网格 $X_{r_x^{s-1}N} \times T_{r_t^{s-1}M}$ 有与基础网格 $(x_n, t_m) \in X_N \times T_M$, $0 \leqslant n \leqslant N$, $0 \leqslant m \leqslant M$ 的节点重合的节点. 在这些节点 (x,t) 上, 我们可以使用 Runge-Romberg 公式 (2.4.7)在每个编号为 s 的每个网格上进行误差的后验渐近精确估计.

$$\begin{aligned}\Delta_{(s)}(x_n, t_m) &\equiv R^{(r_x^{s-1}N, r_t^{s-1}M)}(x_n, t_m)\\ &= \frac{u_{(s)}(x_n, t_m) - u_{(s-1)}(x_n, t_m)}{r_t^{p_t} - 1},\end{aligned}$$

并在整个时间区间 $t \in [t_0, T]$ 上估算精度有效阶 (2.4.9)

$$p_{t_{(s)}}^{\;eff} = \log_{r_t} \frac{\sqrt{\sum\limits_{n=0}^{N}\sum\limits_{m=0}^{M}\left(u_{(s-1)}(x_n, t_m) - u_{(s-2)}(x_n, t_m)\right)^2}}{\sqrt{\sum\limits_{n=0}^{N}\sum\limits_{m=0}^{M}\left(u_{(s)}(x_n, t_m) - u_{(s-1)}(x_n, t_m)\right)^2}} \tag{2.4.12}$$

(这里选择了可行的最方便的范数——欧几里得范数).

如果在整个时间区间 $t \in [t_0, T]$ 上, 问题的解相对于变量 x 有 p_x 阶连续导数, 相对于变量 t 有 p_t 阶连续导数, 有如下收敛性

$$p_{t_{(s)}}^{\;eff} \xrightarrow[s\to\infty]{} p_t^{\;theor} \equiv p_t.$$

违反该收敛性意味着在时间区间 $t \in [t_0, T]$ 上精确解的光滑性的丢失. 换而言之, 理论上的精确度阶数分别等于 p_x 和 p_t, 表征了相应数值方法将所有展开项转换为精确解的泰勒级数的能力, 这些精确解低于 $c_x h^{p_x} + c_t \tau^{p_t}$. 而有效精度有利于我们判断是否所有低于 $c_x h^{p_x} + c_t \tau^{p_t}$ 的项都已经被转换. 特别地, 在 $p_t^{\;eff} \leqslant 0$ 的情况下, 我们可以得出结论, 精确解不能展开为泰勒级数, 这表明没有解 (或者说, 在区间 $t \in [t_0, T]$ 上的某个点, 解的爆破现象的事实) 或者失去光滑性.

为了确定解发生爆破的特殊时间点, 可以在 (2.4.10) 的每一个节点 $t_m \in T_M$, $0 \leqslant m \leqslant M$ 估算精度有效阶

$$p_{t_{(s)}}^{eff}(t_m) = \log_{r_t} \frac{\sqrt{\sum_{n=0}^{N} \left(u_{(s-1)}(x_n, t_m) - u_{(s-2)}(x_n, t_m)\right)^2}}{\sqrt{\sum_{n=0}^{N} \left(u_{(s)}(x_n, t_m) - u_{(s-1)}(x_n, t_m)\right)^2}}. \tag{2.4.13}$$

在原问题的解具有对时间变量的 p_t 阶连续导数、对空间变量的 p_x 阶连续导数的点 t, 存在如下收敛性

$$p_{t_{(s)}}^{eff}(t) \xrightarrow[s\to\infty]{} p_t^{theor} \equiv p_t.$$

在 $s \to \infty$(或者说, $N, M \to \infty$) 的情况下, 相应的误差估计是渐近精确的. 该收敛性的违背意味着精确解光滑性的丢失. 特别地, 在幂 "奇异性" $u(x,t) \sim (T_{bl} - t)^{-\beta}$ 的情况下 (T_{bl} ——爆破时间, 下标 bl 是 blow-up 的简写), 对于任意 $t > T_{bl}$, 精度有效阶 $p_{t_{(s)}}^{eff}(t) \xrightarrow[s\to\infty]{} -\beta$. 这允许我们找到对应的指数 β. 对于任意 $t > T_{bl}$, 如果 $p_{t_{(s)}}^{eff}(t) \xrightarrow[s\to\infty]{} -\infty$, 则我们可以确定, 解成倍增长, 即 $u(x,t) = \infty$; 对于任意 $t > T_{bl}$, 如果 $p_{t_{(s)}}^{eff}(t) \xrightarrow[s\to\infty]{} 0$, 则解在满足 "奇异性" 的邻域内的增长呈对数型的: $u(x,t) \sim \ln(T_{bl} - t)$. 相应的结论可以在 [14,15] 中找到. 解的爆破时间 T_{bl} 可以在精确到对时间 T_M 的基础网格区间长度值的程度时得出.

在爆破发生时刻 t 的定位之后, 可以通过公式 (2.4.11)在每一个节点 $x_n \in X_N$, $1 \leqslant n \leqslant N$, 对每一个特定时刻 t 定位爆破解的空间点.

$$p_{xt_{(s)}}^{eff}(x_n, t_m) = \log_{r_t} \frac{|u_{(s-1)}(x_n, t_m) - u_{(s-2)}(x_n, t_m)|}{|u_{(s)}(x_n, t_m) - u_{(s-1)}(x_n, t_m)|}. \tag{2.4.14}$$

以下是一组 MatLab 命令的示例, 这些命令设计为单独的文件 test_2_1.m, 通过多次重复运行先前引入的 MatLab 函数 PDESolving.m, 可以获取一组网格解 $u_{(s)}(x,t) \equiv u^{(r_x^{s-1}N, r_t^{s-1}M)}(x,t)$, $s = \overline{1,S}$, 从基础网格 $X_N \times T_M$, $N = 50$ 且 $M = 50$ 开始, 问题 (2.0.1)在不同的网格上具有一组参数 (2.1.3).

```
1    % 确定计算的开始与结束时间
2    t_0 = 0; T = 1.667;
3
4    % 确定闭区间的边界 (§ x ∈ [a, b] §)
```

```
5       a = 0; b = 1;
6
7       % 确定基础网格的间隔数
8       N = 50; M = 50;
9
10      % 确定初始条件
11      u_init = @(x) -100*sin(pi*x)^100+100*x^2;
12
13      S = 10;    % 在其上寻找近似解的网格数
14      r_x = 2; %x 的网格加密系数
15      r_t = 2; %t 的网格加密系数
16
17      % 为网格值数组分配内存
18      % 不同编号网格的常微分方程解 (§ s = 1,S §)
19      % 第一个序数 - 从其上寻找解的细化网格序列中网格的编号 s
20
21      % 第二与第三个序数确定了一个数组,
22      % 该数组中的序数 (m + 1) 存储
23      % 从与基础网格一致的节点中
24      % 存储与时间点 (§ t_m §)
25      % 对应的解的网格值
26      array_of_u = zeros(S,M + 1,N + 1);
27
28      % "大循环", 不断在加密网格的序列上计算解 S 次
29      % 解的节点值数组只包含和基础网格节点重合的节点值
30
31
32
33      for s = 1:S
34          u = PDESolving(a,b,N,t_0,T,M,u_init,s,r_x,r_t);
35          array_of_u(s,:,:) = u;
36          s
37      end
38
39      % 存储 "Workspace" 中对于接下来解的爆破诊断必要的数据
40      save('data.mat','array_of_u','N','M',...
41          'r_x','r_t','S','a','b','t_0','T');
```

由于在每个有序网格的计算量增加了 $r_x r_t$ 倍, 我们可以在不同网格上对近似解的求解通过单独的子代码实现. 此代码计算了数值诊断所有必要的数据, 并将之存储到文件 data.mat 中. 此子代码将在后续运算中被当作输入函数载入主程序，而不需要在加密网络中重复求解.

下文给出的 MatLab 代码, 通过利用已经在上个程序得到的文件 data.mat 里的数据, 计算在时间段 $t \in [t_0.T]$ 中的近似解精度有效阶 (2.4.12).

```
1   %加载在 S 个细化网格序列中近似解的计算结果
2   load('data.mat');
3
4   % 分配内存给在不同网格上近似解计算 (过程) 精度有效阶数值的数组
5   p_eff = zeros(S,1);
6
7   % 计算精度有效阶
8   p_eff(1) = NaN; %        (§ p^{eff}_{(1)} §)
9   p_eff(2) = NaN; %        (§ p^{eff}_{(2)} §)
10  for s = 3:S
11      p_eff(s) = log(...
12          sqrt(sum(sum((array_of_u(s - 1,:,:) - ...
13          array_of_u(s - 2,:,:)).^2)))/...
14          sqrt(sum(sum((array_of_u(s,:,:) - ...
15          array_of_u(s - 1,:,:)).^2))))/...
16          log(r_t);
17  end
18
19  % 得出数值 (§ p^{eff}_{(s)} §) 序列
20  for s = 1:S
21      X = ['p^eff_(',int2str(s),')=',...
22          num2str(p_eff(s),'%6.4f')];
23      disp(X);
24  end
```

注意到, 无法计算 $p_{(1)}^{eff}$ 和 $p_{(2)}^{eff}$ 是因为对于精度有效阶的寻找需要知道在三个网格 (当前网格与前两个网格) 的近似解 (参考公式 (2.4.12)).

在表 2.1 给出对于不同时间区间 $t \in [t_0, T]$ 的序列值 $p_{(s)}^{eff}$ 计算结果的例子. 容易看出, 对于存在输入数据 (2.1.3) 的问题 (2.0.1)解的时间区间, 精度有效阶序

表 2.1　对于不同时间区间 $t \in [t_0, T] \equiv [0, T]$, 带有输入数据 (2.1.3), 带有具备相同区间数 $N = 50$, $M = 50$ 和网格加密系数 $r_x = 2$, $r_t = 2$ 的初始网格 $X_N \times T_M$ 的问题 (2.0.1) 中 $p_{t_{(s)}}^{eff}$ 的数值计算结果

s	$T = 0.400$	$T = 0.600$	$T = 1.000$	$T = 1.667$
3	1.7837	1.1368	−27.0854	−36.3775
4	1.9415	1.7175	−62.5598	−57.2937
5	1.9851	1.9229	−83.9025	−116.6789
6	1.9963	1.9802	−259.7775	$-\infty$
7	1.9991	1.9950	$-\infty$	$-\infty$
8	1.9998	1.9950	$-\infty$	$-\infty$
9	2.0001	1.9998	$-\infty$	$-\infty$
10	1.9987	1.9985	$-\infty$	$-\infty$

列 $p_{t_{(s)}}^{eff}$ 收敛于理论精度阶 $p_t{}^{theor} \equiv p$. 对于不存在可行解的时间区间, 精度有效阶序列很快收敛于非负数.

现在, 从“整体”评估精度有效阶以判断“整个”爆破事实, 让我们继续进行详细的定位. 首先, 我们找到解的爆破发生的时间点, 其精度为网格时间步长的阶数. 然后, 让我们继续进行空间变量定位.

以下是 MatLab 代码的示例, 格式为单独的文件 BlowUpDiagnostics_for_each_t.m, 该文件计算与基础网格 T_M (2.4.13)的节点 t_m 一致的节点处近似解的精度有效阶. 使用已经生成的 data.mat 文件中的数据, 将使我们能够找到解的爆破发生的具体时间.

```
1   % 加载在 S 个细化网格序列中近似解的计算结果
2   load('data.mat');
3
4   % 分配内存给在除了 (§ t_0§) 的不同节点 (§ t_m,  1 ⩽ m ⩽ M §)(第二个数组的序数) 上
5   % 近似解计算 (过程) 精度有效阶数值的数组, 因为在那个排除的节点可行解精确给定
6   % 同时在不同网格上 (第一个数组的序数) 进行操作
7
8   p_eff_ForEveryTime = zeros(S, M + 1);
9
10  % 精度有效阶的计算
11  for m = 2:(M + 1)
12
13      % 无法计算 (§ p_{(1)}^{eff}(t_m) §)  (§ p_{(2)}^{eff}(t_m) §)
14      p_eff_ForEveryTime(1,m) = NaN;
15      p_eff_ForEveryTime(2,m) = NaN;
16
17      for s = 3:S
18          p_eff_ForEveryTime(s,1) = inf;
19          p_eff_ForEveryTime(s,m) = log(...
20              sqrt(sum((array_of_u(s - 1,m,:) - ...
21              array_of_u(s - 2,m,:)).^2))/...
22              sqrt(sum((array_of_u(s,m,:) - ...
23              array_of_u(s - 1,m,:)).^2)))/...
24              log(r_t);
25      end
26  end
27
28  % 优化序号为 s 的网格上的计算结果
29  %S = 9;
30
31  figure;
32  t = t_0:(T - t_0)/M:T; % 定义基础网格
33  % 画出精度理论阶和基础网格时间节点的相关关系
34  plot(t,t*0 + 2,'-*k','MarkerSize',3); hold on;
35  % 画出精度有效阶和基础网格时间节点的相关关系
```

```
36      plot(t(2:M+1),p_eff_ForEveryTime(S,2:M + 1),...
37          '-sk','MarkerSize',5,'LineWidth',1);
38      axis([t(1) t(M + 1) -2.0 3.0]);
39      xlabel('t'); ylabel('p^{eff}');
```

请注意, 在基础网格 T_M 的节点 t_0 精度有效阶 $p_{t_{(s)}}^{eff}(t_0)$ 无法计算, 这是因为在任何网格该节点上解已经由初始条件精确给出. 由于精度有效阶数确定了精确解泰勒级数展开中的实数项, 数值方法精确地表达了该解, 因此我们可以规定 $p_{t_{(s)}}^{eff}(t_0)=+\infty$.

图 2.4 展示了问题 (2.0.1)伴随不同网格中的参数组 (2.1.3) 的代码工作结果. 取带有 $N=50$ 且 $M=50$ 个区间的网格作为基础网格, 并通过加密系数 $r_x=r_t=2$ 进行逐次网格加密, 给出了在第 9 个网格上 $(s=9)$ 求解后的计算结果, 对于这个网格得到了渐近精确解直观的点态精度有效阶 $p_{t_{(s)}}^{eff}(t_m)$, $0\leqslant m\leqslant M$ 的数值. 为了比较, 图 2.5 展示了对于不同 s 的函数 $p_{(s)}^{eff}(t)$ 的图像, 通过实验证实了值 $p_{t_{(9)}}^{eff}(t_m)$ 的渐近性 (此性质展示于图 2.4).

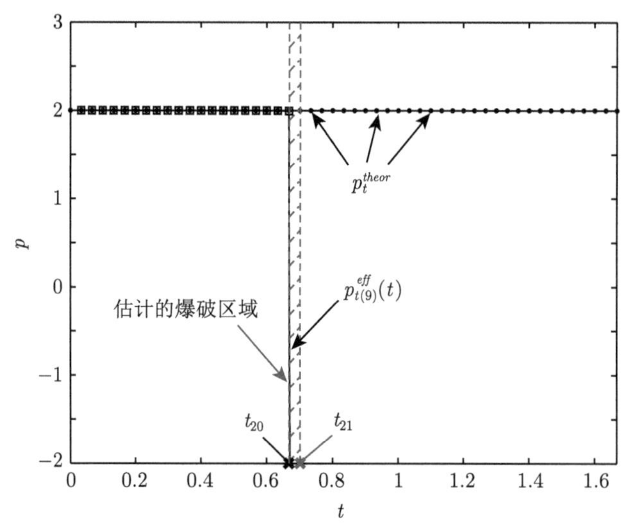

图 2.4 对于问题 (2.0.1)伴随输入数据 (2.1.3)及参数集合: $N=50$, $M=50$, $r_x=2$, $r_t=2$, $S=9$ 的精度有效阶 $p_{t_{(S)}}^{eff}(t_m)$, $0\leqslant m\leqslant M$ 的计算结果

由此可知, 对于有关参数集 (2.1.3)的问题(2.0.1)的数值解, 我们可以得出以下结论. 在 $S=9$ 上计算出嵌套网格后, 精度有效阶 $p_{t_{(s)}}^{eff}(t)$ 的逐点值对于每一个时刻 $t_m\in T_M$ 到 $m=20$(包括 $m=20$) 收敛于 $p_t^{theor}\equiv 2$, 而对于更大的 m 值, 显然收敛于 $-\infty$. 这意味着, 爆破发生在时刻 $T_{bl}\in(t_{20},t_{21}]\equiv(0.667,0.700]$, 并且在 $m\geqslant 21$ 趋向于 $-\infty$ 的条件下, 精度有效阶允许假设, 在点 T_{bl} 处解具有指

数破坏形式的特异性.

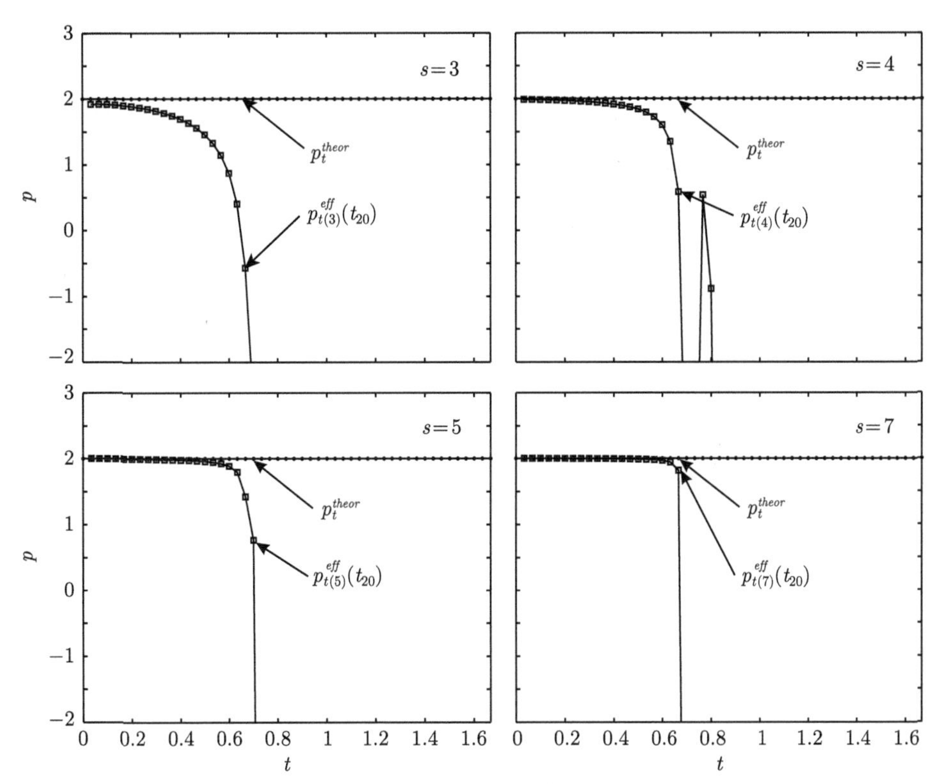

图 2.5 对于问题 (2.0.1)伴随输入数据 (2.1.3)及参数集合: $N = 50$, $M = 50$, $r_x = 2$, $r_t = 2$ 和不同的 s: $s = \{3, 4, 5, 7\}$ 的精度有效阶 $p_{t_{(s)}}^{eff}(t_m)$, $0 \leqslant m \leqslant M$ 的计算结果

如果关于空间变量在整个区域中同时发生解的光滑性的违背, 则网格 X_N 有第一时间层 $t \geqslant T_{bl}$ 在所有点出现 $p_{t_{(s)}}^{eff}(x, t)$ (2.4.14)相对于 2 的收敛性偏差. 如果解的爆破发生在单独的点 x^*, 则描述的方法使得可以及时追踪到在其他点的解的爆破过程. 解的爆破过程的该判断方法是可行的, 因为解释问题的解趋向无穷大 [14,15], 方法 CROS1 也不会导致溢出.

以下是 MatLab 代码的示例, 格式为单独的文件 BlowUpDiagnostics_for_specified_t.m, 该文件计算在特定的时刻 $t_m \in T_M$ (2.4.14), 与基础网格 X_N 的节点在空间上重合的节点处近似解的精度有效阶. 使用已经生成的 data.mat 文件中的数据. 目的是定位爆破发生的空间变量 x.

```
1    % 加载在 S 个细化网格序列中近似解的计算结果
2    load('data.mat');
```

```
3
4    % 分配内存给在除了 (§ x_0§) 的不同节点 (§ x_n, 1 ⩽ n ⩽ N §) (第二个数组的序数) 上
5    % 近似解计算 (过程) 精度有效阶数值的数组, 因为在那个排除的节点可行解精确给定
6    % 同时在不同网格上 (第一个数组的序数) 进行操作
7    p_eff_ForSpecifiedTime = zeros(S,N + 1);
8    % 计算所有空间点的有效精度阶
9    % 除了左边界外
10   % 在确定时间层 (§ t_{m-1} §) 及序数 (m-1)
11   % (考虑到 MatLab 中的索引偏移 +1)
12
13   m = 21;
14   for n = 2:(N + 1)
15
16       % 无法计算 (§ p_{(1)}^{eff}(x_n) §)  (§ p_{(2)}^{eff}(x_n) §)
17       p_eff_ForSpecifiedTime(1,n) = NaN;
18       p_eff_ForSpecifiedTime(2,n) = NaN;
19
20       for s = 3:S
21           p_eff_ForSpecifiedTime(s,1) = inf;
22           p_eff_ForSpecifiedTime(s,n) = log(...
23             abs(array_of_u(s-1,m,n)-array_of_u(s-2,m,n))/...
24              abs(array_of_u(s,m,n)-array_of_u(s-1,m,n)))/...
25              log(r_t);
26       end
27   end
28
29   % 优化序号为 s 的网格上的计算结果
30   %S = 9;
31   figure;
32   x = a:(b - a)/N:b; % 确定基础网格
33   % 画出精度理论阶和基础网格空间节点的相关关系
34   plot(x,x*0 + 2,'-*k','MarkerSize',3); hold on;
35   % 画出精度有效阶和基础网格空间节点的相关关系
36   plot(x(2:N+1),p_eff_ForSpecifiedTime(S,2:N + 1),...
37       '-sk','MarkerSize',5,'LineWidth',1);
38   axis([x(1) x(N + 1) -2.0 3.0]);
39   xlabel('x'); ylabel('p^{eff}');
```

请注意, 在基础网格 X_N 的节点 x_0 有效精度阶 $p_{t_{(s)}}^{eff}(x_0, t_m)$ 无法计算, 这是因为在任何网格该节点上解已经由自己的边界条件精确给出. 因此我们可以规定精度有效阶等于 $+\infty$.

图 2.6 展示了问题 (2.0.1)伴随参数组 (2.1.3)在不同时刻 (解的爆破发生之前与之后) 的代码工作结果. 可以清楚地看到, 最初的爆破发生在沿着空间坐标的区间的右端, 爆破区域逐渐向左扩散.

我们可以得出一个结论: 在第 9 个嵌套网格上获得的数值解的哪一部分 (参

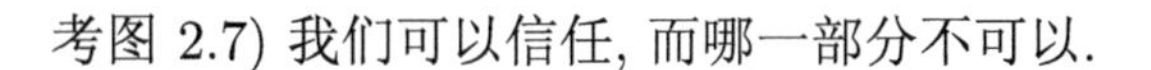

考图 2.7) 我们可以信任, 而哪一部分不可以.

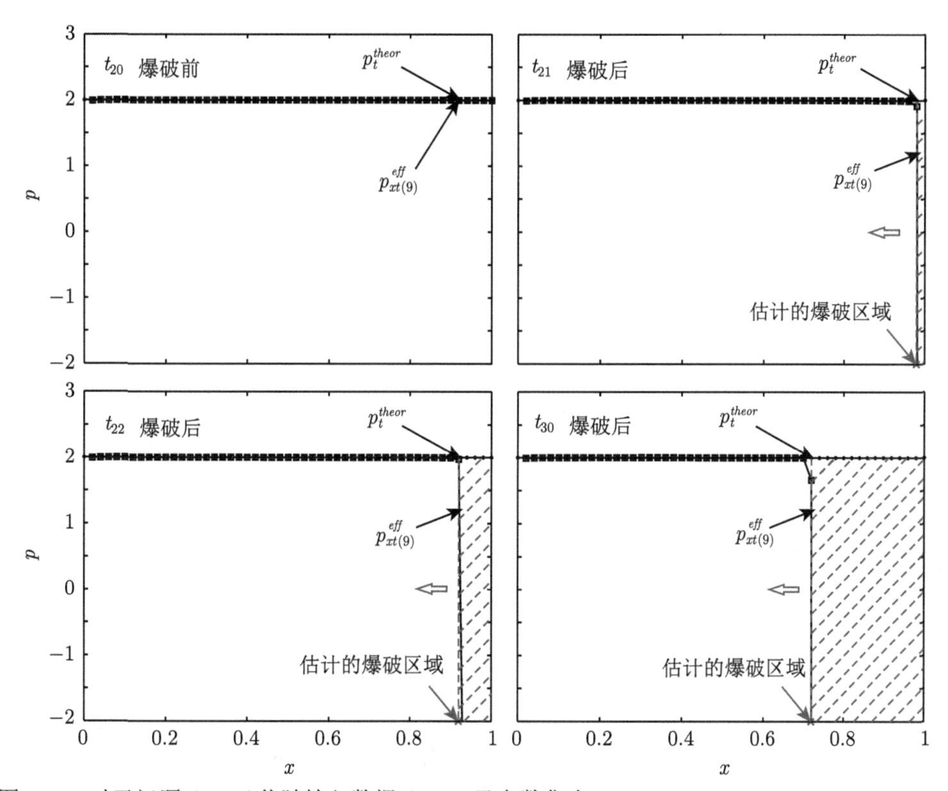

图 2.6 对于问题 (2.0.1)伴随输入数据 (2.1.3)及参数集合: $N=50$, $M=50$, $r_x=2$, $r_t=2$, $S=9$ 的精度有效阶 $p_{xt}{}^{eff}_{(S)}(x,t_m)$ 的计算结果.
本图展示了 $m=\{20,21,22,30\}$ 的情况

另外, 请注意图 2.2 与图 2.7 中显示的解之间的差异, 这是因为对于同一组输入参数, 将呈现针对不同 s 的计算结果.

第 9 个网格上的解 ($s=9$) 是通过以下命令集获得的, 这些命令的格式为单独的 MatLab 文件 draw.m.

```
1    % 加载在 S 个不断加密 r 倍网格组成的序列上得到的近似解计算结果
2    load('data.mat');
3
4    % 从不同网格上的解组成的数组中,
5    % 选择第 9 个网格上的网格解
6    s = 9;
7
8    u(:,:) = array_of_u(s,:,:);
```

```
9
10      % 解的呈现
11      figure;
12      x = a:(b - a)/N:b; % 基础网格关于 x 的确定
13      for m = 0:M
14          % 画出初始条件图
15          plot(x,u(1,:),'-g','LineWidth',1); hold on;
16          % 画出边界条件在时刻 (§ t_m §) 的图
17          plot(x,u(m + 1,:),'-ok',...
18              'MarkerSize',3,'LineWidth',1); hold on;
19          axis([a b -120 120]); xlabel('x'); ylabel('u');
20          hold off; drawnow; pause(0.1);
21      end
```

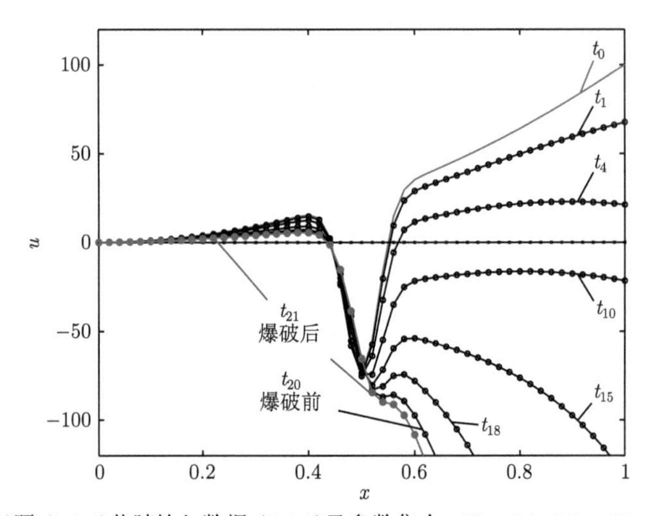

图 2.7 对于问题 (2.0.1)伴随输入数据 (2.1.3)及参数集合: $N = 50$, $M = 50$, $r_x = 2$, $r_t = 2$, $s = 9$ 的解 $u_{(s)}(x,t) \equiv u^{(r_x^{s-1}N, r_t^{s-1}M)}(x,t)$ 计算结果. 仅标记与基础网格的节点一致的节点

第 3 章 伪双曲型偏微分方程初边值问题的爆破解的诊断

本章讨论了伪双曲型偏微分方程初边值问题中爆破解的数值诊断的特点. 首先, 我们来分析一个例子——在等离子体中的离子声波理论中出现的索伯列夫型方程[25]. 我们需要找到定义在区域 $(x,t)\in[a,b]\times[t_0,T]$① 上且满足以下方程组的函数 $u(x,t)$. 同时与经过分析方法得到的先验估计 (如果存在) 相比较, 判断爆破解是否存在. 如果存在, 确定出爆破解在时间和空间上的位置.

$$\begin{cases}\dfrac{\partial^2}{\partial t^2}\Big(u_{xx}-\mathrm{e}^{\varepsilon u}\Big)+u_{xx}=0, \quad x\in(a,b), \quad t\in(t_0,T],\\ u_x(a,t)=0, \quad u_x(b,t)=0, \quad t\in(t_0,T],\\ u(x,t_0)=u_{init_0}(x), \quad x\in[a,b],\\ u_t(x,t_0)=u_{init_1}(x), \quad x\in[a,b].\end{cases} \tag{3.0.1}$$

3.1 数值解的寻找

首先我们将原始的初边值问题 (3.0.1)化为自变量时间为一阶的方程组, 这对于我们下面描述的数值方法的应用是必要的:

$$\begin{cases}\dfrac{\partial}{\partial t}\Big(u_{xx}-\mathrm{e}^{\varepsilon u}\Big)=v, \quad x\in(a,b), \quad t\in(t_0,T],\\ \dfrac{\partial}{\partial t}v+u_{xx}=0, \quad x\in(a,b), \quad t\in(t_0,T],\\ u_x(a,t)=0, \quad u_x(b,t)=0, \quad t\in(t_0,T],\\ u(x,t_0)=u_{init_0}(x), \quad x\in[a,b],\\ v(x,t_0)=u_{init_1}(x)_{xx}-\varepsilon u_{init_1}(x)\mathrm{e}^{\varepsilon u_{init_0}(x)}, \quad x\in(a,b).\end{cases} \tag{3.1.1}$$

---

① 我们的任务是, 在时间点 T 之前 (包含 T) 用数值的方式找到解, 虽然我们知道这个解在时间点 T 上可能不存在, 甚至在更早的时间点上就出现爆破, 但是这与我们想要以数值方式分析出爆破解的目的相关, 所以我们需要找到在时间点 T 之前 (包含 T) 的数值解.

对于问题 (3.1.1)的数值解, 我们运用直线法 (MOL)[19,22,23] 将偏微分方程组近似为常微分方程组, 最终问题可通过运用复系数单阶段 Rosenbrock 法 (CROS1 算法) [23,24] 得到有效解决.

我们在空间变量 x 方向上以步长 $h=(b-a)/N$ 剖分出具有 N 个间距的等距网格 X_N(相应的具有 $N+1$ 个网格点): $X_N=\{x_n,\ 0\leqslant n\leqslant N:\ x_n=a+nh\}$. 如此一来, 在对空间二阶导数的有限差分近似后, 我们得到了一个微分代数方程组, 从中我们需要定义出 $N+1$ 个未知函数 $u_n\equiv u_n(t)\equiv u(x_n,t)$, $n=\overline{0,N}$ 和 $N-1$ 个辅助函数 $v_n\equiv v_n(t)\equiv v(x_n,t)$, $n=\overline{1,N-1}$ (v_0 与 v_N 不包含在方程组内):

$$\begin{cases}\dfrac{\mathrm{d}}{\mathrm{d}t}\Big(\dfrac{u_{n+1}-2u_n+u_{n-1}}{h^2}-\mathrm{e}^{\varepsilon u_n}\Big)=v_n, \quad n=\overline{1,N-1}, \quad t\in(t_0,T],\\ \dfrac{\mathrm{d}}{\mathrm{d}t}v_n+\dfrac{u_{n+1}-2u_n+u_{n-1}}{h^2}=0, \quad n=\overline{1,N-1}, \quad t\in(t_0,T],\\ \dfrac{-\dfrac{3}{2}u_0+2u_1-\dfrac{1}{2}u_2}{h}=0, \quad \dfrac{\dfrac{3}{2}u_N-2u_{N-1}+\dfrac{1}{2}u_{N-2}}{h}=0, \quad t\in(t_0,T],\\ u_n(t_0)=u_{init_0}(x_n), \quad n=\overline{0,N},\\ v_n(t_0)=\dfrac{u_{init_1}(x_{n+1})-2u_{init_1}(x_n)+u_{init_1}(x_{n-1})}{h^2}\\ \qquad\qquad -\varepsilon\, u_{init_1}(x_n)\mathrm{e}^{\varepsilon u_{init_0}(x_n)}, \quad n=\overline{1,N-1}.\end{cases}$$

为方便后续变换, 我们将方程组写成如下形式, 将每个方程的微分部分移到等式的左侧:

$$\begin{cases}\dfrac{\mathrm{d}u_{n-1}}{\mathrm{d}t}-\big(2+\varepsilon h^2\mathrm{e}^{\varepsilon u_n}\big)\dfrac{\mathrm{d}u_n}{\mathrm{d}t}+\dfrac{\mathrm{d}u_{n+1}}{\mathrm{d}t}=h^2v_n, \quad n=\overline{1,N-1},\\ \dfrac{\mathrm{d}v_n}{\mathrm{d}t}=-\dfrac{u_{n+1}-2u_n+u_{n-1}}{h^2}, \quad n=\overline{1,N-1}, \quad t\in(t_0,T],\\ u_0=\dfrac{4}{3}u_1-\dfrac{1}{3}u_2, \quad u_N=\dfrac{4}{3}u_{N-1}-\dfrac{1}{3}u_{N-2}, \quad t\in(t_0,T],\\ u_n(t_0)=u_{init_0}(x_n), \quad n=\overline{0,N},\\ v_n(t_0)=\dfrac{u_{init_1}(x_{n+1})-2u_{init_1}(x_n)+u_{init_1}(x_{n-1})}{h^2}\\ \qquad\qquad -\varepsilon u_{init_1}(x_n)\mathrm{e}^{\varepsilon u_{init_0}(x_n)}, \quad n=\overline{1,N-1}.\end{cases}$$

我们得到的方程组是微分代数方程组, 因为其中包含微分方程和代数方程 (由边界条件定义的两个方程). 通过将 u_0 和 u_N 的表达式代入微分方程, 此方程组可化为纯微分方程组.

$$
\begin{cases}
\dfrac{\mathrm{d}}{\mathrm{d}t}\left(\dfrac{4}{3}u_1-\dfrac{1}{3}u_2\right)-\left(2+\varepsilon h^2\mathrm{e}^{\varepsilon u_1}\right)\dfrac{\mathrm{d}u_1}{\mathrm{d}t}+\dfrac{\mathrm{d}u_2}{\mathrm{d}t}=h^2v_1, \quad t\in(t_0,T], \\
\dfrac{\mathrm{d}u_{n-1}}{\mathrm{d}t}-\left(2+\varepsilon h^2\mathrm{e}^{\varepsilon u_n}\right)\dfrac{\mathrm{d}u_n}{\mathrm{d}t}+\dfrac{\mathrm{d}u_{n+1}}{\mathrm{d}t}=h^2v_n, \quad n=\overline{2,N-2}, \\
\dfrac{\mathrm{d}u_{N-2}}{\mathrm{d}t}-\left(2+\varepsilon h^2\mathrm{e}^{\varepsilon u_{N-1}}\right)\dfrac{\mathrm{d}u_{N-1}}{\mathrm{d}t} \\
\qquad\qquad +\dfrac{\mathrm{d}}{\mathrm{d}t}\left(\dfrac{4}{3}u_{N-1}-\dfrac{1}{3}u_{N-2}\right)=h^2v_{N-1}, \quad t\in(t_0,T], \\
\dfrac{\mathrm{d}v_1}{\mathrm{d}t}=-\dfrac{u_2-2u_1+\left(\dfrac{4}{3}u_1-\dfrac{1}{3}u_2\right)}{h^2}, \quad t\in(t_0,T], \\
\dfrac{\mathrm{d}v_n}{\mathrm{d}t}=-\dfrac{u_{n+1}-2u_n+u_{n-1}}{h^2}, \quad n=\overline{2,N-2}, \quad t\in(t_0,T], \\
\dfrac{\mathrm{d}v_{N-1}}{\mathrm{d}t}=-\dfrac{\left(\dfrac{4}{3}u_{N-1}-\dfrac{1}{3}u_{N-2}\right)-2u_{N-1}+u_{N-2}}{h^2}, \quad t\in(t_0,T], \\
u_n(t_0)=u_{init_0}(x_n), \quad n=\overline{0,N}, \\
v_n(t_0)=\dfrac{u_{init_1}(x_{n+1})-2u_{init_1}(x_n)+u_{init_1}(x_{n-1})}{h^2} \\
\qquad\qquad -\varepsilon u_{init_1}(x_n)\mathrm{e}^{\varepsilon u_{init_0}(x_n)}, \quad n=\overline{1,N-1},
\end{cases}
$$

我们注意到, 现在的方程组包含 $2N-2$ 个方程和 $2N-2$ 个未知函数 u_n 和 v_n, $n=\overline{1,N-1}$. 此方程组可写成如下形式:

$$
\begin{cases}
\boldsymbol{D}(\boldsymbol{y})\dfrac{\mathrm{d}\boldsymbol{y}}{\mathrm{d}t}=\boldsymbol{f}(\boldsymbol{y}), \quad t\in(t_0,T], \\
\boldsymbol{y}(t_0)=\boldsymbol{y}_{init},
\end{cases}
\tag{3.1.2}
$$

$\boldsymbol{y}=\left(u_1\ u_2\ \cdots\ u_{N-1}\ v_1\ v_2\ \cdots\ v_{N-1}\right)^{\mathrm{T}}$, $\boldsymbol{f}=\left(f_1\ f_2\ \cdots\ f_{2N-2}\right)^{\mathrm{T}}$, $\boldsymbol{y}_{init}=\left(u_1(t_0)\ u_2(t_0)\ \cdots\ u_{N-1}(t_0)\ v_1(t_0)\ v_2(t_0)\ \cdots\ v_{N-1}(t_0)\right)^{\mathrm{T}}$. 这里的向量函数 $\boldsymbol{f}$ 有如

下结构:

$$f_n = \begin{cases} h^2 y(N-1+n), & \text{若 } n=\overline{1,N-1}, \\ -\dfrac{y_2 - 2y_1 + \left(\dfrac{4}{3}y_1 - \dfrac{1}{3}y_2\right)}{h^2}, & \text{若 } n=N, \\ -\dfrac{y_{n-N+2} - 2y_{n-N+1} + y_{n-N}}{h^2}, & \text{若 } n=\overline{N+1,2N-3}, \\ -\dfrac{\left(\dfrac{4}{3}y_{N-1} - \dfrac{1}{3}y_{N-2}\right) - 2y_{N-1} + y_{N-2}}{h^2}, & \text{若 } n=2N-2. \end{cases}$$

以下为实现向量函数 $\boldsymbol{f}$ 分量计算的 MatLab 函数示例.

```
1   function f = f(y,h,N)
2
3       % 函数计算待解常微分方程组右侧部分的向量
4
5       % 输入数据:
6       % y - 当前时间层上常微分方程组的解向量
7       % h - 变量 x 方向上的网格步长
8       % N - 变量 x 方向上的网格间隔数量
9
10      % 输出数据:
11      % f - 所求向量 f
12
13      f = zeros(2*N - 2,1);
14
15      for n = 1:(N - 1)
16          f(n) = h^2*y(N - 1 + n);
17      end
18      f(N) = -(y(2) - 2*y(1) + (4/3*y(1) - 1/3*y(2)))/h^2;
19      for n = (N + 1):(2*N - 3)
20          f(n) = -(y(n - N + 2) - 2*y(n - N + 1) + ...
21              y(n - N))/h^2;
22      end
23      f(2*N - 2) =  -((4/3*y(N - 1) - 1/3*y(N - 2)) - ...
24          2*y(N - 1) + y(N - 2))/h^2;
25
26  end
```

矩阵函数 $\boldsymbol{D}$ 存在以下非零元素:

$$D_{n,n-1} = \begin{cases} 1, & \text{若 } n=\overline{2,N-2}, \\ 1-\dfrac{1}{3}, & \text{若 } n=N-1, \end{cases}$$

$$D_{n,n} = \begin{cases} \dfrac{4}{3} - \left(2 + \varepsilon h^2 \mathrm{e}^{\varepsilon y_1}\right), & \text{若 } n = 1, \\ -\left(2 + \varepsilon h^2 \mathrm{e}^{\varepsilon y_n}\right), & \text{若 } n = \overline{2, N-2}, \\ -\left(2 + \varepsilon h^2 \mathrm{e}^{\varepsilon y_{N-1}}\right) + \dfrac{4}{3}, & \text{若 } n = N-1, \\ 1, & \text{若 } n = \overline{N, 2N-2}, \end{cases}$$

$$D_{n,n+1} = \begin{cases} -\dfrac{1}{3} + 1, & \text{若 } n = 1, \\ 1, & \text{若 } n = \overline{2, N-2}. \end{cases}$$

以下为实现矩阵函数 $\boldsymbol{f}$ 分量计算的 MatLab 函数示例.

```
1   function D = D(eps ,y ,h ,N)
2
3       % 函数计算待解常微分方程组微分算子的矩阵
4
5       % 输入数据:
6       % eps - 数值较小的参数
7       % y - 当前时间层上常微分方程组的解向量
8       % h - 变量 x 方向上的网格步长
9       % N - 变量 x 方向上的网格间隔数量
10
11      % 输出数据:
12      % D - 所求的微分算子的矩阵
13
14      D = zeros(2*N - 2,2*N - 2);
15
16      D(1,1) = 4/3 - (2 + eps*h^2*exp(eps*y(1)));
17      D(1,2) = -1/3 + 1;
18      for n = 2:(N - 2)
19          D(n,n - 1) = 1;
20          D(n,n) = - (2 + eps*h^2*exp(eps*y(n)));
21          D(n,n + 1) = 1;
22      end
23      D(N - 1,N - 2) = 1 - 1/3;
24      D(N - 1,N - 1) = -(2 + eps*h^2*exp(eps*y(N-1))) +4/3;
25      for n = N:(2*N - 2)
26          D(n,n) = 1;
27      end
28
29  end
```

注释 需要注意的是, 下面运用到的具有复系数的 Rosenbrock 算法 (CROS1 算法) 仅在常数矩阵函数 $\boldsymbol{D}$ 的情况下才具有精度为 $\mathcal{O}(\tau^2)$ 的阶 (在文章 [14,15] 中有更详细的解释). 如果我们在 (3.1.1) 中引入一个辅助变量 $g = u_{xx} - \mathrm{e}^{\varepsilon u}$, 那么可

以得到如 (3.1.2) 一般的隐式且具有常数矩阵的常微分方程组. 关于问题 (3.0.1), 此种解的形式我们稍后进行分析 (在本章的结尾部分). 在矩阵函数 $\boldsymbol{D}(\boldsymbol{y})$ 不是常数的情况下, CROS1 算法将具有精度为 $O(\tau^1)$ 的阶.

下面我们在时间 t 方向上以步长 $\tau=(T-t_0)/M$ 剖分出具有 M 个间距的等距网格 T_M(相应的具有 $M+1$ 个网格点)$T_M=\{t_m,\ 0\leqslant m\leqslant M:\ t_m=t_0+m\tau\}$. 于是我们可以运用 Rosenbrock 算法 (CROS1 算法) 来求解方程组 (3.1.2):

$$\boldsymbol{y}(t_{m+1})=\boldsymbol{y}(t_m)+(t_{m+1}-t_m)\,\mathrm{Re}\,\boldsymbol{w}_1\,,$$

$\boldsymbol{w}_1$ 为线性方程组的解,

$$\left[\boldsymbol{D}\Big(\boldsymbol{y}(t_m)\Big)-\frac{1+\mathrm{i}}{2}(t_{m+1}-t_m)\,\boldsymbol{f}_{\boldsymbol{y}}\Big(\boldsymbol{y}(t_m)\Big)\right]\boldsymbol{w}_1=\boldsymbol{f}\,\Big(\boldsymbol{y}(t_m)\Big). \tag{3.1.3}$$

这里 $\boldsymbol{f}_{\boldsymbol{y}}$ 是由元素 $(f_y)_{n,m}\equiv\dfrac{\partial f_n}{\partial y_m}$ 所构成的矩阵 (雅可比矩阵). 其中存在以下非零元素:

$$(f_y)_{n,N-1+n}=h^2,\quad 若\ n=\overline{1,N-1},$$

$$(f_y)_{n,n-N}=\begin{cases}-\dfrac{1}{h^2}, & 若\ n=\overline{N+1,2N-3},\\[2mm] \dfrac{1/3-1}{h^2}, & 若\ n=2N-2,\end{cases}$$

$$(f_y)_{n,n-N+1}=\begin{cases}\dfrac{2-4/3}{h^2}, & 若\ n=N,\\[2mm] \dfrac{2}{h^2}, & 若\ n=\overline{N+1,2N-3},\\[2mm] \dfrac{-4/3+2}{h^2}, & 若\ n=2N-2,\end{cases}$$

$$(f_y)_{n,n-N+2}=\begin{cases}\dfrac{-1+1/3}{h^2}, & 若\ n=N,\\[2mm] -\dfrac{1}{h^2}, & 若\ n=\overline{N+1,2N-3}.\end{cases}$$

以下为实现雅可比矩阵 $\boldsymbol{f}_{\boldsymbol{y}}$ 分量计算的 MatLab 函数示例.

```
1   function f_y = f_y(y,h,N)
2       % 函数计算待求常微分方程组右侧部分的雅可比矩阵
3
4       % 输入数据:
5       % y - 当前时间层上常微分方程组的解向量
6       % h - 变量 x 方向上的网格步长
7       % N - 变量 x 方向上的网格间隔数量
8
9       % 输出数据:
10      % f_y - 所求得的雅可比矩阵
11
12      f_y = zeros(2*N - 2,2*N - 2);
13
14      for n = 1:(N-1)
15          f_y(n,N - 1 + n) = h^2;
16      end
17      f_y(N,1) = (2 - 4/3)/h^2;
18      f_y(N,2) = (-1 + 1/3)/h^2;
19      for n = (N + 1):(2*N - 3)
20          f_y(n,n - N) = -1/h^2;
21          f_y(n,n - N + 1) = 2/h^2;
22          f_y(n,n - N + 2) = -1/h^2;
23      end
24      f_y(2*N - 2,N - 2) = (1/3 - 1)/h^2;
25      f_y(2*N - 2,N - 1) = (-4/3 + 2)/h^2;
26
27  end
```

以下为 MatLab 函数示例, 该函数使用上述函数 f, D 和 f_y, 按照 (3.1.3) 的格式, 实现问题 (3.0.1) 的数值解的寻找.

```
1   function u = PDESolving(eps,a,b,N_0,t_0,T,M_0,...
2     u_init_0,u_init_1,s,r_x,r_t)
3
4     % 函数寻找偏微分方程的近似数值解
5
6     % 输入的参数:
7     % eps - 数值较小的参数
8     % a,b - 变量 x 区域 (§ [a, b] §) 的边界值
9     % N_0 - 空间方向上基础网格的间隔数量
10    % t_0, T - 初始时间点与终止时间点 (§ t_0 §) 和 (§ T §)
11    % M_0 - 时间方向上基础网格的间隔数量
12    % u_init_0 和 u_init_1 - 定义初始条件的函数
13    % s - 用于计算解的网格序号 (如果 s = 1, 则在基础网格上寻找解)
14    % r_x 和 r_t - x 方向上与 t 方向上的加密网格系数
15
```

```
16      % 输出的参数:
17      % u- 由偏微分方程解的网格值构成的数组 (仅在网格节点与基础网格节点重合时取得)
18      % 在空间变量 x 方向上构造加密 (§ r_x^{s-1} §) 倍序号为 s 的网格
19      % 在时间变量 t 方向上构造加密 (§ r_t^{s-1} §) 倍序号为 s 的网格
20
21
22      N = N_0*r_x^(s - 1);      % 计算序号为 s 的网格的间隔数量
23      M = M_0*r_t^(s - 1);      %
24
25      h = (b - a)/N;          % x 方向上网格步长的定义
26      x = a:h:b;              % x 方向上加密网格的定义
27      tau = (T - t_0)/M;  % t 方向上网格步长的定义
28      t = t_0:tau:T;          % t 方向上加密网格的定义
29
30      % 分配内存给数组 u
31      % 该数组的第 m+1 行存储了时间方向上基础网格在时间点 (§ t_m §) 上的网格值
32      u = zeros(M_0 + 1,N_0 + 1);
33
34      % 分配内存给在当前时间点 (§ t_m §) 常微分方程组的解的网格值数组
35      y = zeros(1,2*N - 2);
36
37      % 设置要求解的常微分方程组的初始条件
38      for n = 1:(N - 1)
39          y(1,n) = u_init_0(x(n + 1));
40          y(1,N - 1 + n) = (u_init_1(x(n + 2)) - ...
41              2*u_init_1(x(n +1)) + u_init_1(x(n)))/h^2 -...
42              eps*u_init_1(x(n + 1))*...
43              exp(eps*u_init_0(x(n + 1)));
44      end
45
46      % 从与初始条件对应的数组 u 的第一行中, 选择空间方向上的网格中与基础网格节点重合的节点的
            网格值
47      for n = 1:(N_0 + 1)
48          u(1,n) = u_init_0(x((n - 1)*r_x^(s - 1) + 1));
49      end
50
51      % 输入符合在网格 s 上与基础网格上对应时间层相同的时间层选择的索引
52      % 在这一点上, 我们将追踪加密网格上 (§ t_m §) 与基础网格上 (§ t_{m_{basic}} §) 的匹配
53      m_basic = 2;
54
55      for m = 1: M
56
57          % CROS1 算法的实现
58
59          w_1 = (D(eps,y,h,N) - (1+1i)/2*(t(m + 1) - ...
60              t(m))*f_y(y,h,N))\f(y,h,N);
61
62          y = y + (t(m + 1) - t(m))*real(w_1)';
63
```

```
64          % 完成加密网格上 (§ t_{m+1} §) 与基础网格上 (§ t_{m_basic} §) 匹配度的检验
65          if (m + 1) == (m_basic - 1)*r_t^(s - 1) + 1
66
67              % 填写待求偏微分方程问题的网格值数组
68
69              % 考虑左边界和右边界条件
70              u(m_basic,1) = 4/3*y(1) - 1/3*y(2);
71              u(m_basic,N_0 + 1) = 4/3*y(N - 1) - ...
72                  1/3*y(N - 2);
73
74              % 在当前时间层上, 选择与基础网格节点相同的空间节点 (除去上面已考虑的边界节点)
75              for n = 2:N_0
76                  u(m_basic,n) = y((n - 1)*r_x^(s - 1));
77              end
78
79              % 现在将追踪在加密网格上 (§ t_{m+1} §) 与一系列 (§ t_{m_basic} §) 的匹配度
80              m_basic = m_basic + 1;
81
82          end
83
84      end
85
86  end
```

注意 PDESolving 函数的一些功能.

1. 该函数实现了在一系列加密网格上寻找近似数值解的功能, 包括从与基础网格节点匹配的节点中选择网格值. 在实现数值诊断爆破解时, 我们需要运用此功能, 这将在下一节中进行讨论. 现在我们使用此函数来计算只在一个基础网格上的解. 这种情况与输入参数 $s := 1$ 的值相对应, 因此参数 r_x 和 r_t 的值并不重要, 目前不会影响任何内容.
2. 为了节省内存 (这对于 s 值较大时至关重要), 仅一组向量 $\boldsymbol{y}(t_m)$ 的网格值会被保留在当前计算时刻的内存上, 用以当作序号为 s 的网格上的网格解. 该函数不会返回一组完整的网格值, 而只返回一组与基础网格中节点相匹配的节点值.
3. 需要注意的是, 当访问向量 t 和 x 的分量时, 所有的索引需要位移 +1(与上述解析公式相比较), 因为在 MatLab 中数组元素的编号从 1 开始 (故 $x_0 \equiv x(1), x_1 \equiv x(2), \cdots, x_N \equiv x(N+1)$).

例如, 可以使用如下一组命令来运行 PDESolving 函数.

```
1  % 定义计算开始和结束的时间
2  t_0 = 0; T = 5;
3
```

```
4  % 定义截断区间 (§ x ∈ [a, b] §) 的边界
5  a = 0; b = pi;
6
7  % 定义基础网格的间隔数量
8  N = 50; M = 50;
9
10 % 定义问题的参数
11 epsilon = 0.1;
12
13 % 定义初始条件
14 u_init_0 = @(x) 0;
15 u_init_1 = @(x) -(x*(pi-x))^2*sin(x/3);
16
17 s = 1;    % 网格序号 (仅基础网格)
18 r_x = 2; % x 方向上加密网格系数
19 r_t = 4; % t 方向上加密网格系数
20
21 u = PDESolving(epsilon,a,b,N,t_0,T,M,...
22       u_init_0,u_init_1,s,r_x,r_t);
23
24 % 计算解
25 figure;
26 x = a:(b - a)/N:b; % 定义 x 方向上基础网格
27 for m = 0: M
28     % 绘制初始条件图像
29     plot(x,u(1,:),'--k','LineWidth',1); hold on;
30     % 绘制在时间点 (§ t_m §) 上解的图像
31     plot(x,u(m + 1,:),'-ok',...
32          'MarkerSize',3,'LineWidth',1); hold on;
33     axis([a b -20.5 0.01]); xlabel('x'); ylabel('u');
34     hold off; drawnow; pause(0.1);
35 end
```

通过这一组命令我们可获得如下一组问题参数的解 (3.0.1):

$$\begin{aligned}&\varepsilon=0.1,\quad a=0,\quad b=\pi,\quad t_0=0,\quad T=5,\\&u_{init_0}(x)=0,\quad u_{init_1}(x)=-\big(x(\pi-x)\big)^2\sin\frac{x}{3},\end{aligned}\tag{3.1.4}$$

其空间和时间上的网格参数:

$$N=50,\quad M=50.\tag{3.1.5}$$

图 3.1 中显示了在各个时间点 t_m 上函数 $u(x,t_m)$ 的几组网格值.

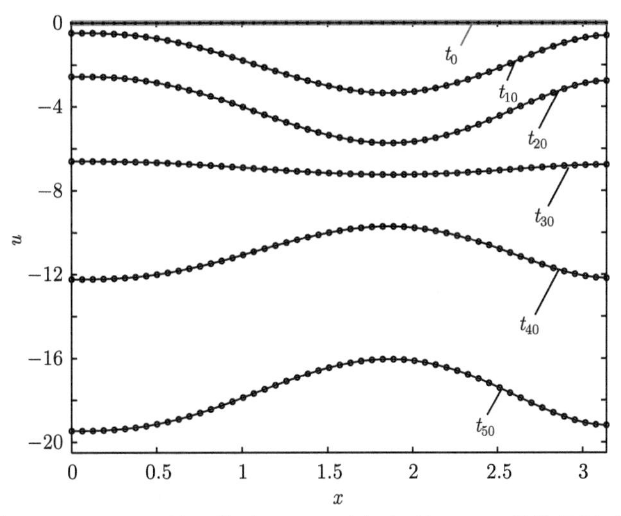

图 3.1 以参数为 (3.1.4)–(3.1.5)按照格式 (3.1.3)求解问题 (3.0.1)的数值例子. 该图显示了函数 $u(x,t_m)$ 在单独的时间点 t_m 上的几组网格值

3.2 数值计算的优化

为了诊断出爆破解存在的事实, 我们需要对一系列的加密网格进行计算 (每一个加密网格都要对空间变量实行 r_x 次加密, 对时间变量实行 r_t 次加细). 随着网格序号 s 的增加 ($s=\overline{1,S}$), 网格的维数 $X_{r_x^{s-1}N}\times T_{r_t^{s-1}M}$ 会迅速增长, 这会导致程序的运行时间显著增长, 有时还会导致计算机内存不足. 计算时间的增长本质上与求解线性方程组 (3.1.3) 所用的高斯方法有关, 其需要执行 $O(N^3)$ 阶运算, N 为待解方程组的维度. 由于每次移动到下一时间层时, 我们都要求解线性方程组, 故程序执行的总时间与空间方向上网格维度的三阶和时间方向上网格维度的一阶成比例. 然而方程组 (3.1.3) 的矩阵有着特殊的形式且由四个 $(N-1)\times(N-1)$ 维的子块组成, 它们的内部结构在图 3.2 中显示 (非零元素仅位于标注出的对角线上). 这使得我们能够设计一种在求解具有特殊类型矩阵的线性方程组时复杂度仅为 $O(N^1)$ 的新算法, 无论是在计算的执行时间方面 (复杂度为 $O(N^1)$), 还是所需要的内存方面 (当 S 较大时, 内存对于在非常密集的网格上进行计算是至关重要的) 此算法都能够更“经济”地实现高斯法. 更为主要地, 程序执行总时间与空间方向上网格维度的一阶和时间方向上网格维度的一阶成比例.

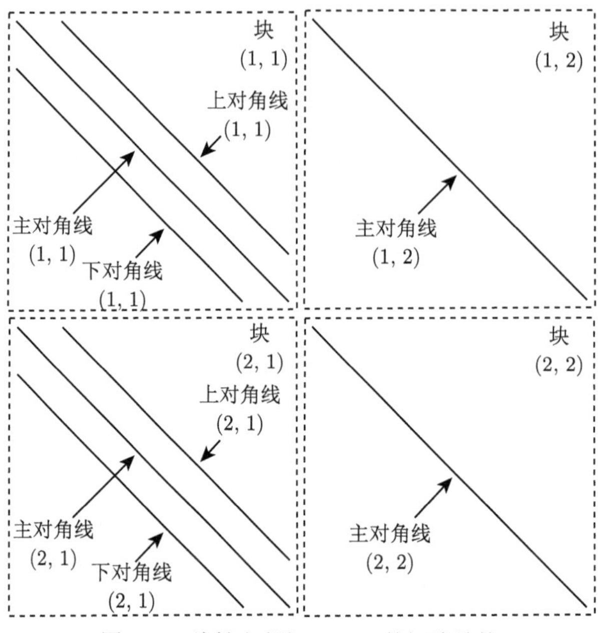

图 3.2　线性方程组 (3.1.3)的矩阵结构

3.2.1　退化高斯法的使用

假设有形式为 $AX = B$ 的线性方程组, 其矩阵 A 拥有如图 3.2 中所示的结构. 为方便起见, 我们假设每个子块的维数等于 $N \times N$. 我们认为, 矩阵 A 不以二维数组的形式存储在内存中 (需在内存存储 $4 \times N \times N$ 个元素), 而是以八个形为 $\mathrm{diag}_{(i,j)_{m/d/u}}$ 的 $1 \times N$ 维数组的形式存储, 其中包含位于相应对角线上的非零元素 (需在内存存储 $8 \times 1 \times N$ 个元素). 这里的一对下标 (i, j) 表示相应的对角线所在子块的坐标. 最后一个下标可以取 m≡“main”≡“主的”, 或者 d≡“down”≡“下方的”, 或者 u≡“up”≡“上方的” 其代表对角线或者余对角线在子块中的位置.

注意　从图 3.2 中我们可以看到, 对角线们有着不同的长度, 为了方便算法的实现, 我们将不同长度对角线的元素存到相同长度 N 的数组中. 下对角线的元素将从数组的第二个元素开始记入 (如此, 元素 $\mathrm{diag}_{(1,1)_d}(1)$ 和 $\mathrm{diag}_{(2,1)_d}(1)$ 可以是任意的, 因为算法实现中不会用到该数值). 上对角线的元素从对应矩阵的第一个元素开始记入 (元素 $\mathrm{diag}_{(1,1)_u}(N)$ 和 $\mathrm{diag}_{(2,1)_u}(N)$ 可以是任意的, 因为算法实现中不会用到该数值).

如下为一种可求解此方程组的算法描述 (还存在很多其他可以实现的算法):

1. 我们将增广矩阵 $A|B$ 的 $\overline{1, N}$ 行减去相对应的 $\overline{N+1, 2N}$ 行, 如此可使子块 (1,2) 中的对角线归零. 于是我们得到了新的线性方程组 $\tilde{A}X = \tilde{B}$. 其前 N

个方程表示了仅关于向量 X 前 N 个分量, 对应矩阵为三对角矩阵的线性方程组.

2. 我们使用追赶法 (具体讲解请参见书 [20] 的 2.1.4 节) 寻找向量 X 的前 N 个分量. 矩阵 $\tilde{A}$ 中的三个对角线上的元素构成的三个向量, 向量 $\tilde{B}$ 前 N 个分量构成的一个向量将作为此法的输入数据.
3. 增广矩阵 $\tilde{A}|\tilde{B}$ 的第 $n = \overline{N+1, 2N}$ 行对应的线性方程组, 在通过将上一步骤计算出的向量 X 的前 N 个分量替换后, 其中的每一个方程都为仅包含一个未知数 (向量 X 的第 n 分量) 的方程, 其可以通过简单的代数变换求解得到.

下面为上述算法的 MatLab 函数实现, 此函数用于求解具有特殊形式矩阵 (图 3.2) 的线性代数方程组 $AX = B$. 其输入数据为 9 个一维数组, 前 8 个由矩阵 A 的非零元素所构成, 第 9 个由等式右半部分的向量构成.

```
1  function X = SpecialMatrixAlgorithm...
2    (diag_11_m,diag_11_d,diag_11_u,diag_12_m,...
3    diag_21_m,diag_21_d,diag_21_u,diag_22_m,B)
4
5    % 函数求解具有特殊形式矩阵 (由四个 N 阶方块构成, 方块 (1,1) 和 (2,1) -三对角矩阵, 方块 (1,2) 和
        (2,2) - 对角矩阵) 的线性方程组 AX = B
6
7
8    % 输入参数:
9    % diag_11_m,diag_11_d,diag_11_u,diag_12_m,
10   % diag_21_m,diag_21_d,diag_21_u,diag_22_m -
11   % - 长度为 N 的数组, 包含矩阵 A 对角线上的非零元素
12   % (数组中元素 diag_11_d(1), diag_21_d(1),
13   % diag_11_u(N) 和 diag_21_u(N) 不使用)
14   % B - 右侧长度为 2N 的向量
15
16   N = length(B)/2;
17   X = zeros(2*N,1);
18
19   % 将子块 (1,2) 的对角线归零
20   % 重新定义块 (1,1) 中的对角线元素和向量 B 的前 N 个元素
21   for n = N:-1:1
22       c = diag_12_m(n)/diag_22_m(n);
23       diag_11_d(n) = diag_11_d(n) - c*diag_21_d(n);
24       diag_11_m(n) = diag_11_m(n) - c*diag_21_m(n);
25       diag_11_u(n) = diag_11_u(n) - c*diag_21_u(n);
26       B(n) = B(n) - c*B(n + N);
27   end
28
29   % 使用追赶法求解向量 X 的前 N 个元素
30   X(1:N) = TridiagonalMatrixAlgorithm...
```

```
31          (diag_11_m,diag_11_d,diag_11_u,B(1:N));
32
33      % 计算向量 X 中剩余的元素
34      X(N + 1) = (B(N + 1) - diag_21_m(1)*X(1) - ...
35          diag_21_u(1)*X(2))/diag_22_m(1);
36      for n = 2:(N - 1)
37          X(N + n) = (B(N + n) - diag_21_d(n)*X(n - 1) ...
38              -diag_21_m(n)*X(n) -diag_21_u(n)*X(n+1))/...
39              diag_22_m(n);
40      end
41      X(2*N) = (B(2*N) - diag_21_d(N)*X(N - 1) - ...
42          diag_21_m(N)*X(N))/diag_22_m(N);
43
44  end
```

这里使用的 TridiagonalMatrixAlgorithm 函数实现了求解具有三对角矩阵的线性方程组 $AX = B$(维数为 N) 的追赶法 (具体讲解请参见书 [20] 的 2.1.4 节). 此处输入的数据不是矩阵 A(需要在内存中存储 $N \times N$ 个元素), 而是仅为三个由对应对角线上的非零元素构成的向量 a, b 和 c (此种情况下在内存中仅需存储 $3 \times n \times 1$ 个元素).

$$
\begin{pmatrix}
a(1) & c(1) & & & \\
b(2) & a(2) & c(2) & & \\
 & b(3) & a(3) & c(3) & \\
 & & \ddots & \ddots & \ddots \\
 & & & b(n) & a(n)
\end{pmatrix}
\begin{pmatrix} X(1) \\ X(2) \\ X(3) \\ \vdots \\ X(n) \end{pmatrix}
=
\begin{pmatrix} B(1) \\ B(2) \\ B(3) \\ \vdots \\ B(n) \end{pmatrix}.
$$

```
1   function [X] = TridiagonalMatrixAlgorithm(a,b,c,B)
2
3   % 函数实现求解具有三对角矩阵的线性方程组 AX = B 的追赶法 (托马斯算法)
4   % 输入参数:
5   % B - 等式右边长度为 n 的向量 (行向量或者列向量)
6   % a, b, c - 由对角线元素构成的长度为 n 的向量 (b(1) 与 c(n) 不被使用)
7
8   % [ a(1) c(1) ] [ X(1) ] [ B(1) ]
9   % [ b(2) a(2) c(2) ] [ X(2) ] [ B(2) ]
10  % [ b(3) a(3) c(3) ] [ ] [ ]
11  % [ ... ... ... ] [ ... ] = [ ... ]
12  % [ ... ... c(n-1)] [X(n-1)] [B(n-1)]
13  % [ b(n) a(n) ] [ X(n) ] [ B(n) ]
14
15      n = length(B);
16      v = zeros(n,1);
```

```
17        X = zeros(n,1);
18
19        w = a(1);
20        X(1) = B(1)/w;
21        for i = 2:n
22            v(i - 1) = c(i - 1)/w;
23            w = a(i) - b(i)*v(i - 1);
24            X(i) = (B(i) - b(i)*X(i - 1))/w;
25        end
26        for j = n-1:-1:1
27            X(j) = X(j) - v(j)*X(j + 1);
28        end
29
30    end
```

因此, 对于使用既定的退化高斯法来求解线性方程组 (3.1.3), 首先我们需要准备好由矩阵相应对角线上非零元素构成的数组.

$$\left[\boldsymbol{D}\Big(\boldsymbol{y}(t_m)\Big) - \frac{1+\mathrm{i}}{2}\,(t_{m+1} - t_m)\,\boldsymbol{f}_{\boldsymbol{y}}\Big(\boldsymbol{y}(t_m)\Big)\right].$$

下面是相应的 MatLab 函数示例, 本质上是对之前编写的函数 D 和 f_y 进行了微小的修改.

```
1    function [diag_11_m,diag_11_d,diag_11_u,diag_12_m,...
2        diag_21_m,diag_21_d,diag_21_u,diag_22_m] = ...
3        DiagonalsPreparation(eps,y,tau,h,N)
4
5        % 函数准备包含待求常微分方程组的矩阵子块的对角线元素的数组
6
7        % 此矩阵有如下形式
8        % [D - (1+1i)/2*tau*f_u] 是由四个 N-1 阶方块构成的分块矩阵
9        %
10       % 方块 (1,1) 和 (2,1) - 三对角矩阵
11       % 方块 (1,2) 和 (2,2) - 对角矩阵
12
13       % 输入数据:
14       % eps - 数值较小的参数
15       % y - 在当前时间层上常微分方程组的解向量
16
17       % tau - 时间方向上的当前步长
18       % h - x 方向上的网格步长
19       % N - x 方向上的网格间隔数量
20
21       % 输出参数:
22       % diag_11_m,diag_11_d,diag_11_u,diag_12_m,diag_21_m,
23       % diag_21_d,diag_21_u,diag_22_m - 待求数组
```

```
24
25      % 为待求数组分配内存
26      diag_11_m = zeros(1,N-1); diag_11_d = zeros(1,N-1);
27      diag_11_u = zeros(1,N-1); diag_12_m = zeros(1,N-1);
28      diag_21_m = zeros(1,N-1); diag_21_d = zeros(1,N-1);
29      diag_21_u = zeros(1,N-1); diag_22_m = zeros(1,N-1);
30
31      for n = 2:(N-2)
32          diag_11_d(n) = 1;
33      end
34      diag_11_d(N - 1) = 1-1/3;
35
36      diag_11_m(1) = 4/3-(2 + eps*h^2*exp(eps*y(1)));
37      for n = 2:(N-2)
38          diag_11_m(n) = -(2 + eps*h^2*exp(eps*y(n)));
39      end
40      diag_11_m(N-1) = -(2 + eps*h^2*exp(eps*y(N-1))) +4/3;
41
42      diag_11_u(1) = -1/3 + 1;
43      for n = 2:(N-2)
44          diag_11_u(n) = 1;
45      end
46
47      for n = 1:(N-1)
48          diag_12_m(n) = -(1+1i)/2*tau*(h^2);
49      end
50
51      for n = (N + 1):(2*N - 3)
52          diag_21_d(n-N + 1) = -(1+1i)/2*tau*(-1/h^2);
53      end
54      diag_21_d(N-1) = -(1+1i)/2*tau*((1/3 - 1)/h^2);
55
56      diag_21_m(1) = -(1+1i)/2*tau*((2 - 4/3)/h^2);
57      for n = (N + 1):(2*N - 3)
58          diag_21_m(n - N + 1) = -(1+1i)/2*tau*(2/h^2);
59      end
60      diag_21_m(N - 1) = -(1+1i)/2*tau*((-4/3 + 2)/h^2);
61
62      diag_21_u(1) = -(1+1i)/2*tau*((-1 + 1/3)/h^2);
63      for n = (N + 1):(2*N - 3)
64          diag_21_u(n-N + 1) = -(1+1i)/2*tau*(-1/h^2);
65      end
66
67      for n = N:(2*N-2)
68          diag_22_m(n-N + 1) = 1;
69      end
70
71  end
```

若要在 PDESolving 函数中使用这些函数, 我们需要将位于第 74 到 79 行中的代码替换为如下一组命令 (函数 D 和 f_y 将不再使用).

```
1  % CROS1 算法的实现
2
3  % 准备包含分块矩阵对角线元素 (各子块的对角线元素) 的数组
4  % [D(y) - (1+1i)/2*tau*f_u(y)]
5  [diag_11_m,diag_11_d,diag_11_u,diag_12_m,...
6          diag_21_m,diag_21_d,diag_21_u,diag_22_m] = ...
7          DiagonalsPreparation...
8          (eps,y,t(m + 1) - t(m),h,N);
9
10 % 使用退化高斯法寻找 w_1
11 w_1 = SpecialMatrixAlgorithm(...
12       diag_11_m,diag_11_d,diag_11_u,diag_12_m,...
13       diag_21_m,diag_21_d,diag_21_u,diag_22_m,...
14       f(y,h,N));
15
16 y = y + (t(m + 1)-t(m))*real(w_1)';
```

下面我们比较一下使用一般高斯法和改进后的算法两种情况下, 在求解问题 (3.1.1) 近似解时移动到下一时间层所要执行的操作数. 如前所述, 在使用一般高斯法求解时, 算法的运行时间与矩阵 (3.1.3) 维数的立方成比例, 而使用改进后的算法, 时间与矩阵维数成比例.

$$\sim \frac{2}{3}\big(2(N-1)\big)^3 \sim \frac{2}{3}8N^3 = \frac{16}{3}N^3 \sim 5N^3 \sim O(N^3).$$

在使用退化高斯法的情况下, 算法第一步骤执行 $9(N-1)$ 次操作, 第二步骤执行 $8(N-1)-7$ 次操作, 第三步骤执行 $5\cdot 2+7(N-1)$ 次操作, 故总共执行的操作数与 N 成比例.

$$\sim 24N - 21 \sim O(N^1).$$

因此使用退化高斯法, 可以节省大量的计算时间.

3.2.2 稀疏矩阵的使用

在计算时间和所需计算机内存方面, 优化求解线性方程组 (3.1.3) 过程的第二种选择是使用以稀疏形式存储和操作矩阵 $\boldsymbol{D}$ 和 $\boldsymbol{f_y}$ 的方法, 其泛函数由 MatLab 提供.

MatLab 使用三个向量 $\boldsymbol{i}$, $\boldsymbol{j}$ 和 $\boldsymbol{s}$ 来存储稀疏矩阵, 即零元素数目远远多于非零元素数目的矩阵. 三个向量代表了矩阵 S 中非零元素的位置和数值: $S\big(\boldsymbol{i}(k),\boldsymbol{j}(k)\big) = \boldsymbol{s}(k)$. 若要建立在第 $\boldsymbol{i}(k)$ 行第 $\boldsymbol{j}(k)$ 列元素数值为 $\boldsymbol{s}(k)$ 的矩阵, 需要首先生成其对应的向量, 然后使用 sparse 命令.

```
1  S = sparse(i,j,s,m,n)
```

对上述 MatLab 函数 $\boldsymbol{D}$ 和 $\boldsymbol{f_y}$ 做稍许修改, 可得到以稀疏形式存储的矩阵为结果的函数.

```
1  function D = D(eps,y,h,N)
2
3      % 函数计算待求常微分方程组微分算子的矩阵
4
5      % 输入数据:
6      % eps -数值较小的参数
7      % y - 在当前时间层上 ODE 的解向量
8      % h - 变量 x 方向上的网格步长
9      % N - 变量 x 方向上的网格间隔数量
10
11     % 输出数据:
12     % D - 待求微分算子的矩阵 (稀疏矩阵形式)
13
14
15     i = zeros(1,4*N - 6);
16     j = zeros(1,4*N - 6);
17     s = zeros(1,4*N - 6);
18
19     k = 1;
20     i(k) = 1; j(k) = 1; s(k) = 4/3 - ...
21         (2 + eps*h^2*exp(eps*y(1)));
22     k = k + 1;
23     i(k) = 1; j(k) = 2; s(k) = -1/3 + 1;
24     for n = 2:(N - 2)
25         k = k + 1;
26         i(k) = n; j(k) = n - 1; s(k) = 1;
27         k = k + 1;
28         i(k) = n; j(k) = n; s(k) = ...
29             - (2 + eps*h^2*exp(eps*y(n)));
30         k = k + 1;
31         i(k) = n; j(k) = n + 1; s(k) = 1;
32     end
33     k = k + 1;
34     i(k) = N - 1; j(k) = N - 2; s(k) = 1 - 1/3;
35     k = k + 1;
36     i(k) = N - 1; j(k) = N - 1; s(k) = ...
37         -(2 + eps*h^2*exp(eps*y(N-1))) +4/3;
38     for n = N:(2*N - 2)
39         k = k + 1;
40         i(k) = n; j(k) = n; s(k) = 1;
41     end
```

```
42
43      D = sparse(i,j,s,2*N - 2,2*N - 2);
44
45  end
```

```
1   function f_y = f_y(y,h,N)
2
3       % 函数计算待求 ODE 右侧部分的雅可比矩阵
4
5       % 输入数据:
6       % y - 在当前时间点上 ODE 的解
7       % h - 变量 x 方向上的网格步长
8       % N - 变量 x 方向上的网格间隔数量
9
10      % 输出数据:
11      % f_y - 待求雅可比矩阵 (稀疏矩阵形式)
12
13      i = zeros(1,4*N - 6);
14      j = zeros(1,4*N - 6);
15      s = zeros(1,4*N - 6);
16
17      k = 0;
18      for n = 1:(N-1)
19          k = k + 1;
20          i(k) = n; j(k) = N - 1 + n; s(k) = h^2;
21      end
22      k = k + 1;
23      i(k) = N; j(k) = 1; s(k) = (2 - 4/3)/h^2;
24      k = k + 1;
25      i(k) = N; j(k) = 2; s(k) = (-1 + 1/3)/h^2;
26      for n = (N + 1):(2*N - 3)
27          k = k + 1;
28          i(k) = n; j(k) = n - N; s(k) = -1/h^2;
29          k = k + 1;
30          i(k) = n; j(k) = n - N + 1; s(k) = 2/h^2;
31          k = k + 1;
32          i(k) = n; j(k) = n - N + 2; s(k) = -1/h^2;
33      end
34      k = k + 1;
35      i(k) = 2*N - 2; j(k) = N - 2; s(k) = (1/3 - 1)/h^2;
36      k = k + 1;
37      i(k) = 2*N - 2; j(k) = N - 1; s(k) = (-4/3 + 2)/h^2;
38
39      f_y = sparse(i,j,s,2*N - 2,2*N - 2);
40
41  end
```

对于用稀疏矩阵求解的方法, 我们无须对其他函数进行改变. 需要说明的是, 利用稀疏矩阵求解 (3.1.3) 比使用退化高斯法的实现要慢, 但比一般高斯法快得多. 通过一组参数的测试示例计算表明, 使用一般高斯方法在 4172 秒内得到解, 而使用退化高斯法在 30 秒内得到解, 使用稀疏矩阵的形式在 52 秒内得到解. 因此, 通常使用稀疏矩阵进行存储和操作可以节省大量的时间, 甚至有时与退化高斯方法比起来也是成立的 (在退化高斯法的开发和实现上需要花费额外的时间).

3.3 解的爆破现象的数值分析

爆破解实例诊断的实际算法, 总的来说和 2.4 节中介绍的算法一致. 我们这里仅讨论其应用的基本差异和一些细节.

由于我们已将 (3.1.1)中所有的空间导数逼近至精确度 $\mathcal{O}(h^2)$, 而在系统 (3.1.2) 的数值积分中, 我们使用了包含一个可变矩阵 $\boldsymbol{D}\big(\boldsymbol{y}(t)\big)$ 的算法 CROS1 (3.1.3), 其精确度为 $\mathcal{O}(\tau^1)$, 所构造的求解系统 (3.0.1) 的方法的精确度为 $\mathcal{O}(\tau^1+h^2)$, 即 $p_x=p_x^{theor}\equiv 2$ 和 $p_t=p_t^{theor}\equiv 1$. 因此, 从匹配条件 (2.4.4) 得出, 满足 Runge-Romberg 公式 (2.4.7) 适用条件的不同变量的加密系数 r_x 和 r_t 必须满足关系: $r_x^2=r_t^1$. 为了方便计算, 选择 $r_x=2$ 和 $r_t=4$.

因此, 从基础网格 $X_N\times T_M$: $\{x_n,t_m\}$, $0\leqslant n\leqslant N$, $0\leqslant m\leqslant M$ 开始, 在加密网格的序列 $s=\overline{1,S}$ 上, 在计算一组解 $u_{(s)}(x,t)\equiv u^{(r_x^{s-1}N,r_t^{s-1}M)}(x,t)$ 之后, 我们可以得到以下估值.

1. 通过公式 (2.4.12)估计系统 (3.1.2)解在整个时间间隔 $t\in[t_0,T]$ 内的有效精度阶数

$$
p_{t_{(s)}}^{eff}=\log_{r_t}\frac{\sqrt{\displaystyle\sum_{n=0}^{N}\sum_{m=0}^{M}\big(u_{(s-1)}(x_n,t_m)-u_{(s-2)}(x_n,t_m)\big)^2}}{\sqrt{\displaystyle\sum_{n=0}^{N}\sum_{m=0}^{M}\big(u_{(s)}(x_n,t_m)-u_{(s-1)}(x_n,t_m)\big)^2}}.
$$

2. 通过公式 (2.4.13), 在每个 $t_m\in T_M$, $1\leqslant m\leqslant M$ 节点上逐点完成有效精度阶数的估计, 直到其精确度达到基础网格 T_M 的间隔大小, 通过时间来估计产生爆破解的特定时间点的位置,

$$p_{t\,(s)}^{\,eff}(t_m) = \log_{r_t} \frac{\sqrt{\sum\limits_{n=0}^{N} \left(u_{(s-1)}(x_n, t_m) - u_{(s-2)}(x_n, t_m)\right)^2}}{\sqrt{\sum\limits_{n=0}^{N} \left(u_{(s)}(x_n, t_m) - u_{(s-1)}(x_n, t_m)\right)^2}}.$$

说明 注意到, 和 2.4 节一样, 在基础网格 T_M 的 t_0 节点上, 没有计算有效精度阶数, 因为在任何网格的该节点上, 解都被初始条件精确地指定了.

3. 在每个节点 $x_n \in X_N$, $0 \leqslant n \leqslant N$ 上通过公式 (2.4.14), 估计每个特定时间点 $t_m \in T_M$, $1 \leqslant m \leqslant M$ 爆破解的空间点的位置, 直到其精确度达到基础网格 X_N 的间隔大小,

$$p_{xt\,(s)}^{\,eff}(x_n, t_m) = \log_{r_t} \frac{|u_{(s-1)}(x_n, t_m) - u_{(s-2)}(x_n, t_m)|}{|u_{(s)}(x_n, t_m) - u_{(s-1)}(x_n, t_m)|}.$$

说明 注意到, 与 2.4 节不同, 可以在边界节点 x_0, x_N 上计算有效精度阶数 $p_{xt\,(s)}^{\,eff}(x, t_m)$, 因为在边界上函数不是被狄利克雷条件指定的, 而是由诺依曼条件指定, 即我们不知道在数值计算过程中边界节点处函数的确切值, 而只是近似地估算.

以下是一组 MatLab 命令的示例, 这些命令设计为单独的文件 test_3_1.m, 并通过重复运行本节介绍的 MatLab 函数 PDESolving, 可以从基础网格 $X_N \times T_M$ 开始, 获得在不同网格处、有一组参数 (3.3.3)的问题 (3.0.1)的一组网格解 $u_{(s)}(x,t) \equiv u^{(r_x^{s-1}N, r_t^{s-1}M)}(x,t)$, $s = \overline{1,S}$.

```
1  % 定义初始计数时间
2  t_0 = 0;
3
4  % 定义线段的边界 (§ x ∈ [a, b] §)
5  a = 0; b = pi;
6
7  % 定义基础网格的区间数量
8  N = 50; M = 50;
9
10 % 定义问题的参数
11 epsilon = 10^(10);
12
13 % 定义初始条件
14 u_init_0 = @(x) 0;
15 u_init_1 = @(x) -(x*(pi-x))^2*sin(x/3);
16
17 % 定义分析评定的上界
```

```
18 % 解爆破的时间
19 T = TimeOfBlowUpCalculation ...
20     (u_init_0 ,u_init_1 ,a,b,100 ,epsilon);
21
22 S = 7;    % 在其上寻找近似解的网格数量
23 r_x = 2; % 网格加密系数 x
24 r_t = 4; % 网格加密系数 t
25
26 % 为在不同网格上、编号为 (§ s = 1,S §) 的常微分方程的解的网格数值数组分配内存
27 % 第一个索引 - 来自加密网格序列的网格序号 s, 在这些加密网格寻找解
28 % 第二个和第三个索引定义了一个数组, 该数组从与基础网格节点重合的节点开始,
29 % 在编号为 (m + 1) 的行保存了与时间 (§ t_m §) 相对应的解的网格值
30 array_of_u = zeros(S,M + 1,N + 1);
31
32 % "大循环", 在网格加密的序列中计算 S 次解
33 % 解的网格值的数组仅包含与基础网格节点重合的节点的网格值
34 for s = 1:S
35     u = PDESolving(epsilon ,a,b,N,t_0,T,M, ...
36         u_init_0,u_init_1,s,r_x,r_t);
37     array_of_u(s,:,:) = u;
38 end
39
40 % 存储 "Workspace" 中对于接下来爆破解分析必要的数据
41 save('data.mat','array_of_u','N','M',...
42     'r_x','r_t','S','a','b','t_0','T');
```

注意到, 问题 (3.0.1)的 [25, 公式 (2.5)] 求出的爆破解时间的先验估计上界的结果作为最终的计算时间 T.

$$T_{bl} = -\frac{1}{\varepsilon}\frac{\displaystyle\int_a^b e^{\varepsilon u_{init_0}(x)}dx}{\displaystyle\int_a^b e^{\varepsilon u_{init_0}(x)}u_{init_1}(x)\,dx}.$$

使用 MatLab 辅助函数 TimeOfBlowUpCalculation 实现对该公式的计算.

```
1  function T = TimeOfBlowUpCalculation ...
2      (u_init_0,u_init_1,a,b,N,eps)
3
4      % 为了爆破解的时间, 计算分析上界评定的函数
5
6      h = (b - a)/N; % 定义网格步长 x
7
8      Int1 = 0;
9      Int2 = 0;
10     for n = 1:N
11         Int1 = Int1 + exp(eps*u_init_0(a + h*n - h/2))*h;
```

```
12          Int2 = Int2 + exp(eps*u_init_0(a + h*n - h/2))*...
13              u_init_1(a + h*n - h/2)*h;
14      end
15
16      T = -(1/eps)*(Int1/Int2);
17
18  end
```

与此前一样，该 MatLab 代码 test_3_1.m 的工作结果将是文件 data.mat，该文件内容将由分析爆破解实例的函数加载，无需在加密网格序列上重复计算解.

2.4 节中引入过 MatLab 文件 BlowUpDiagnostics.m，使用它形成了的 data.mat 文件，用于计算在时间间隔 $t \in [t_0, T]$ 内近似解的有效精度阶数，因为过程中不会包含任何更改，所以我们这里不再赘述.

MatLab 文件 BlowUpDiagnostics_for_each_t.m，使用已产生的文件 data.mat 确定产生爆破解的具体时间，从而计算在和节点 t_m, $0 \leqslant m \leqslant M$, 基础网格 T_M 重合的节点处的近似解的有效精度阶数，该文件仅在负责呈现计算结果的代码中发生更改. 有必要将负责绘制精度阶数的理论值的命令替换为以下命令 (与 $p_t^{theor} = 1$ 相对应).

```
1  % 绘制理论的精度阶数对基础网格的时间节点的依赖关系
2  plot(t,t*0 + 1,'-*k','MarkerSize',3); hold on;
```

MatLab 文件 BlowUpDiagnostics_for_specified_t.m，旨在通过空间变量 x 定位爆破解，在特定时间 $t_m \in T_M$ (2.4.14)使用 data.mat 的数据，对与节点 x_n, $0 \leqslant n \leqslant N$, 空间基础网格 X_N 重合的节点处近似解的有效精度阶数进行计算，该文件包含以下改变. 最主要的是，有效精度阶数的计算在所有网格的节点 X_N 上执行，其包含了两个边界节点. 绘制所得结果的指令变化是次要变化.

```
1  % 将计算近似解的结果加载到 S 个加密网格序列上
2  load('data.mat');
3
4  % 在每个节点 (§ x_n, 0 ⩽ n ⩽ N §) 处 (数组的第二个索引) 及在不同的网格 (数组的第一个索引) 处,
5  % 为近似解计算的有效精度阶数的数值数组分配内存
6  p_eff_ForSpecifiedTime = zeros(S,N + 1);
7
8  % 计算编号为 (m-1) 、在特定时间层 (§ t_{m-1} §) 上所有空间点的有效精度阶数 (考虑到在 MatLab 上
       索引偏移 +1)
9  m = 31;
10 for n = 1:(N + 1)
11
12     % 无法计算 (§ p^{eff}_{(1)}(x_n) §) 和 (§ p^{eff}_{(2)}(x_n) §)
13     p_eff_ForSpecifiedTime(1,n) = NaN;
```

```
14        p_eff_ForSpecifiedTime(2,n) = NaN;
15
16        for s = 3:S
17            p_eff_ForSpecifiedTime(s,n) = log(...
18              abs(array_of_u(s-1,m,n)-array_of_u(s-2,m,n))/...
19               abs(array_of_u(s,m,n)-array_of_u(s-1,m,n)))/...
20               log(r_t);
21        end
22    end
23
24    % 为编号为 s 的网格绘制计算结果
25    %S = 7;
26    figure;
27    x = a:(b - a)/N:b; % 定义基础网格
28    % 绘制了理论的精度阶数对基础网格的空间节点的依赖关系
29    plot(x,x*0 + 1,'-*k','MarkerSize',3); hold on;
30    % 绘制了有效精度阶数对基础网格的空间节点的依赖关系
31    plot(x,p_eff_ForSpecifiedTime(S,:),...
32        '-sk','MarkerSize',5,'LineWidth',1);
33    axis([x(1) x(N + 1) -2.0 3.0]);
34    xlabel('x'); ylabel('p^{eff}');
```

在实现了绘制解的 MatLab 文件 draw.m 中, 推出改变仅发生在命令 axis 中, 对于下列考虑的每个单独的示例, 都有必要更改沿纵坐标轴绘制图形的边界.

示例 1　首先, 考虑一个测试案例, 关于准确的解的爆破时间, 该案例有已知的分析结果.

在一组参数的情况下

$$\begin{aligned} &u_{init_0}(x)\equiv 0, \quad u_{init_1}(x)\equiv -1, \\ &a=0, \quad b=\pi, \quad t_0=0, \quad \varepsilon=1, \end{aligned} \tag{3.3.1}$$

问题 (3.0.1)的解将具有以下形式

$$u(x,t)=\ln(1-t). \tag{3.3.2}$$

显然, 解的爆破时间可能被精确地确定为 $T_{bl}=1$, 在此邻域附近, 解具有对数增长的性质.

对于数值计算, 将间隔为 $N=50$ 和 $M=50$ 的网格作为基础网格 $X_N\times T_M$, 并且使用加密系数 $r_x=2$ 和 $r_t=4$ 完成网格的依次细化. 图 3.3 显示了计算了在第七个网格 $(s=7)$ 上的解之后的计算结果 (通过依次运行来自 test_3_1.m ↣ draw.m 文件的一组 MatLab 命令).

图 3.4 显示了计算的结果 (通过文件 test_3_1.m ↣ BlowUpDiagnostics_for_each_t.m 依次加载一组 MatLab 命令), 该图说明了在渐近准确数值下, 有效精度阶数 $p_{t_{(s)}}^{eff}(t_m)$, $0\leqslant m\leqslant M$ 逐点数值的显式输出.

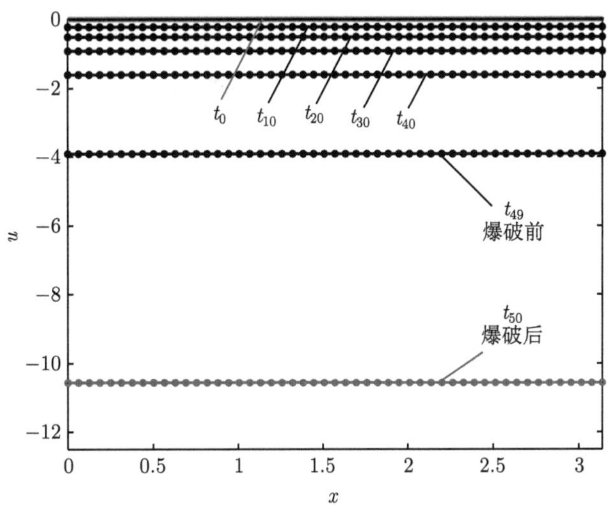

图 3.3 对于变量: $N = 50$, $M = 50$, $r_x = 2$, $r_t = 4$, $s = 7$, 输入数据为 (3.3.1)的问题 (3.0.1), 其解的计算结果为 $u_{(s)}(x,t) \equiv u^{(r_x^{s-1}N, r_t^{s-1}M)}(t)$. 仅标记与基础网格的节点一致的节点

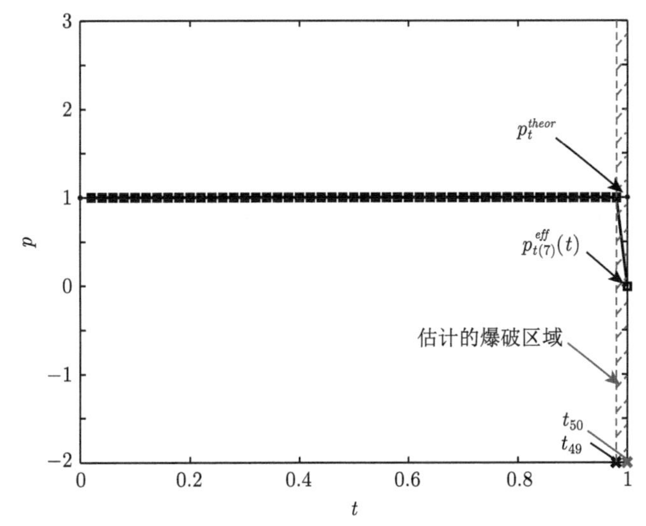

图 3.4 对于参数: $N = 50$, $M = 50$, $r_x = 2$, $r_t = 4$, $S = 7$, 输入数据为 (3.3.1)的问题 (3.0.1), 其有效精度阶数的计算结果为 $p_{t_{(S)}}^{eff}(t_m)$, $1 \leqslant m \leqslant M$

因此, 对于变量组 (3.3.1), 我们可以得出关于问题 (3.0.1) 所得的数值解的下列结论. 经过计算 $S = 7$ 的嵌入网格之后, 对于每个时间点 $t_m \in T_M$ 至 $m = 49$, 有效精度阶数的点值 ${p_t}_{(s)}^{eff}(t)$ 包含地收敛到 ${p_t}^{theor} \equiv 1$, 而对于最后 50 个网格节点 (与时间 $t_{50} = 1$ 对应) 收敛到 0. 这意味着爆破发生在 $T_{bl} \in (t_{49}, t_{50}] \equiv (0.980, 1.000]$

时刻, 而 $m = 50$ 到 0 时, 有效精度阶数的明显的趋势表明在点 T_{bl} 处, 解拥有对数增长 $u(x,t) \sim \ln(T_{bl} - t)$ 型的特点, 与已知的分析结果 (3.3.2) 相吻合.

之后, 我们可以研究关于空间变量的爆破解性质的问题. 图 3.5 显示了在解爆破之前和之后 (也可能是在爆破时) 不同时间的计算结果 (通过文件 test_3_1.m ↣ BlowUpDiagnostics_for_specidied_t.m 依次运行一组 MatLab 命令). 可以明显地看出, 在 $t \geqslant T_{bl}$ 爆破之后 (或在爆破时), 所有网格 X_N 的点都在第一个节点处出现了理论值 ${p_t}^{theor} = 1$ 的收敛偏差 ${p_{xt}}_{(s)}^{eff}(x,t)$.

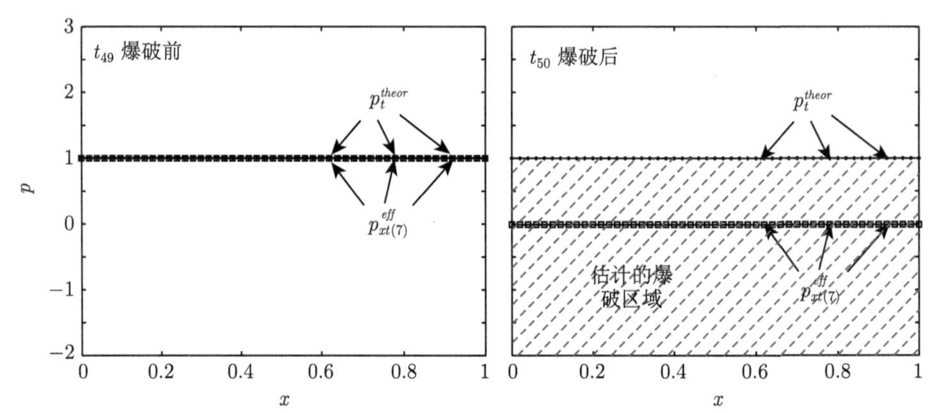

图 3.5 对于变量: $N = 50$, $M = 50$, $r_x = 2$, $r_t = 4$, $S = 7$, 输入数据为 (3.3.1)的问题 (3.0.1), 其有效精度阶数的计算结果为 ${p_{xt}}_{(S)}^{eff}(x, t_m)$. 此处展示了 $m \in \{49, 50\}$ 的情形

最终, 我们可以得出结论: 在第 7 个嵌入网格上所得的解 (参照图 3.4) 的哪个部分我们可以相信, 而哪一部分不能.

示例 2 现在让我们看一组参数的例子

$$
\begin{aligned}
&u_{init_0}(x) \equiv 0, \quad u_{init_1}(x) \equiv -\big(x(\pi - x)\big)^2 \sin\frac{x}{3}, \\
&a = 0, \quad b = \pi, \quad t_0 = 0, \quad \varepsilon = 10^{10}.
\end{aligned}
\tag{3.3.3}
$$

在这种情况下, 解析解是未知的, 因此我们使用了一种判断爆破解实例的数值算法.

为了进行数值计算, 将间隔为 $N = 50$ 和 $M = 50$ 的网格作为基础网 $X_N \times T_M$, 并使用加密系数 $r_x = 2$ 和 $r_t = 4$ 完成网格的依次加密. 图 3.6 显示了在第 7 个网格上 ($s = 7$) 求解后的计算结果 (通过文件 test_3_1.m ↣ draw.m 依次运行一组 MatLab 命令).

图 3.7 显示了计算结果 (通过文件 test_3_1.m ↣ BlowUpDiagnostics_for_each_t.m 依次运行一组 MatLab 命令), 该图说明了在渐近准确数值下, 有效精度阶数 ${p_t}_{(s)}^{eff}(t_m)$, $0 \leqslant m \leqslant M$ 的预期输出结果.

因此, 对于有一组变量 (3.3.3)的问题 (3.0.1), 关于该问题所得的数值解, 我们可以得出以下结论. 经过计算 $S=7$ 的嵌入网格之后, 对于每个时间点 $t_m \in T_M$ 至 $m=24$, 有效精度阶数的点值 $p_{t_{(s)}}^{eff}(t)$ 包含地收敛到 $p_t^{theor} \equiv 1$, 而对于较大的数值 m, 很显然其收敛至 0. 这意味着爆破发生在 $T_{bl} \in (t_{24}, t_{25}] \equiv (3.015, 3.141] \cdot 10^{-11}$ 时刻, 而当 $m \geqslant 25$ 时, 有效精度阶数趋向 0 的明显的趋势, 表明在点 T_{bl} 处, 解拥有对数增长 $u(x,t) \sim \ln(T_{bl}-t)$ 型的特点.

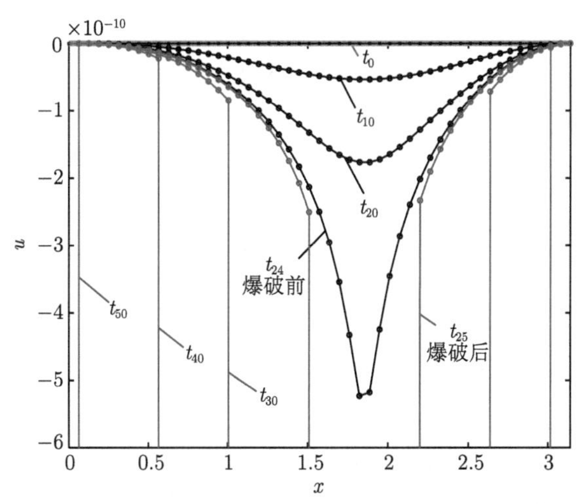

图 3.6 对于变量: $N=50$, $M=50$, $r_x=2$, $r_t=4$, $s=7$, 输入数据为 (3.3.3)的问题 (3.0.1), 其解的计算结果为 $u_{(s)}(x,t) \equiv u^{(r_x^{s-1}N, r_t^{s-1}M)}(t)$. 仅标记与基础网格的节点一致的节点

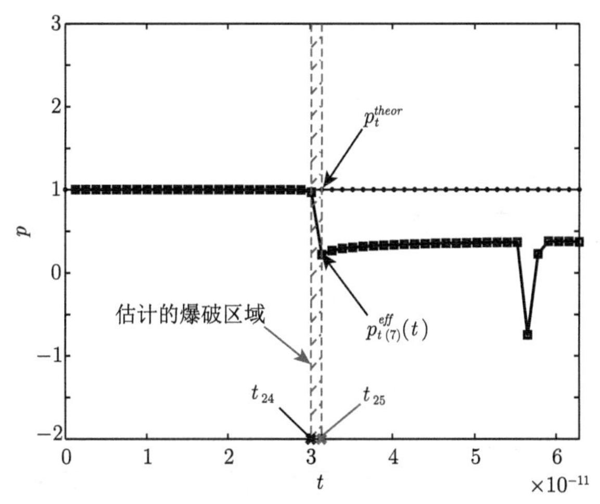

图 3.7 对于参数: $N=50$, $M=50$, $r_x=2$, $r_t=4$, $S=7$, 输入数据为 (3.3.3)的问题 (3.0.1), 其有效精度阶数的计算结果为 $p_{t_{(S)}}^{eff}(t_m)$, $1 \leqslant m \leqslant M$

之后, 我们可以研究关于空间变量的爆破解性质的问题. 图 3.8 显示了在解爆破之前和之后 (也可能是在爆破时) 不同时刻的计算结果 (通过文件 test_3_1.m ↣ BlowUpDiagnostics_for_specidied_t.m 依次运行一组 MatLab 命令). 可以明显地看出, 理论值 $p_t^{theor}=1$ 的收敛性偏差 $p_{xt}{}_{(s)}^{eff}(x,t)$ 最初出现于网格的内部节点 X_N, 然后沿着空间变量 $x\in[a,b]$ 扩展到整个线段.

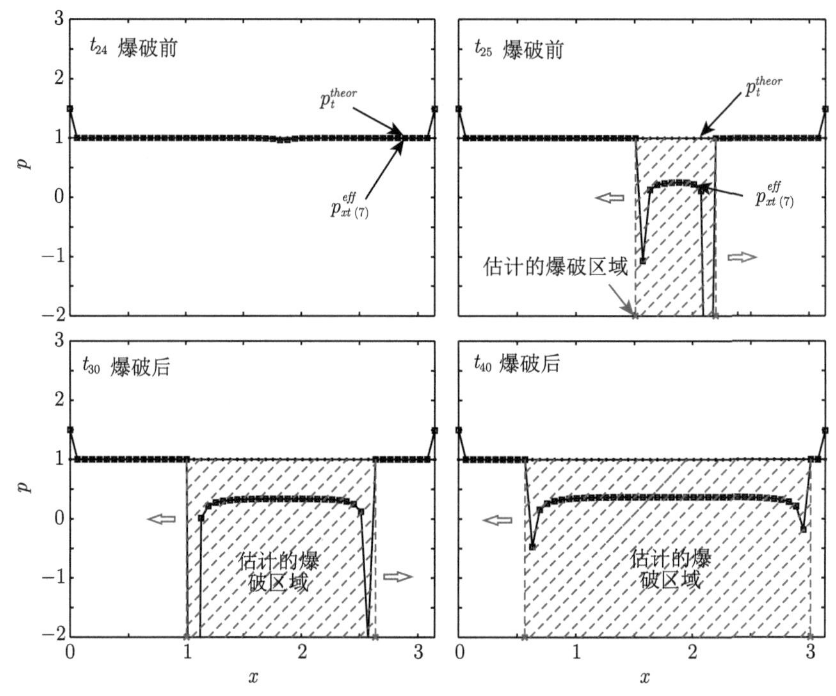

图 3.8　对于变量: $N=50$, $M=50$, $r_x=2$, $r_t=4$, $S=7$, 输入数据为 (3.3.1)的问题 (3.0.1), 其有效精度阶数的计算结果为 $p_{xt}{}_{(S)}^{eff}(x,t_m)$. 此处展示了 $m\in\{49,50\}$ 的情形

最终, 我们可以得出结论: 在第 7 个嵌入网格上所得的解 (参照图 3.4) 的哪个部分我们可以相信, 而哪一部分不能.

3.4　构建时间精度为二阶的算法

如前所述, 具有复数系数 CROS1 (3.1.3) 的 Rosenbrock 算法的精度阶数为 $\mathcal{O}(\tau^1)$, 这是因为矩阵函数 $\boldsymbol{D}(\boldsymbol{y})$ 不是常数, 且与变量 $\boldsymbol{y}$ (有关详细说明, 请参见 [14,15]) 有关. 但是, 在常数的矩阵函数 $\boldsymbol{D}$ 的情况下, CROS1 算法将有精度阶数 $\mathcal{O}(\tau^2)$. 如果我们在 (3.1.1)中再引入一个辅助变量 $g=u_{xx}-\mathrm{e}^{\varepsilon u}$, 就可以实现这一点, 其结果是: 自变量 u, v 或 g 的非线性函数将不被包含在获取关于时间的

偏导数的运算符下. 让我们更详细地考虑初始问题 (3.0.1) 解的这种变式.

由于 (3.1.1) 中指出的额外的替换 $g = u_{xx} - \mathrm{e}^{\varepsilon u}$, 初始边值问题 (3.0.1) 的形式为

$$
\begin{cases}
\dfrac{\partial}{\partial t} g = v, \quad x \in (a,b), \quad t \in (t_0, T], \\
\dfrac{\partial}{\partial t} v + u_{xx} = 0, \quad x \in (a,b), \quad t \in (t_0, T], \\
g = u_{xx} - \mathrm{e}^{\varepsilon u}, \quad x \in (a,b), \quad t \in (t_0, T], \\
u_x(a,t) = 0, \quad u_x(b,t) = 0, \quad t \in (t_0, T], \\
u(x,t_0) = u_{init_0}(x), \quad x \in [a,b], \\
v(x,t_0) = u_{init_1}(x)_{xx} - \varepsilon u_{init_1}(x)\mathrm{e}^{\varepsilon u_{init_0}(x)}, \quad x \in (a,b), \\
g(x,t_0) = u_{init_0}(x)_{xx} - \mathrm{e}^{\varepsilon u_{init_0}(x)}, \quad x \in (a,b).
\end{cases}
\tag{3.4.1}
$$

接下来, 我们将执行类似于 3.1 节中描述的操作序列. 结果, 在具有二阶精度的空间导数的有限差分近似之后, 在均等的网格 X_N 上, 通过空间变量我们得到了微分代数系统, 需要从中确定 $N+1$ 个未知函数 $u_n \equiv u_n(t) \equiv u(x_n,t)$, $n=\overline{0,N}$, $N-1$ 个辅助函数 $v_n \equiv v_n(t) \equiv v(x_n,t)$, $n=\overline{1,N-1}$ 和 $N-1$ 个辅助函数 $g_n \equiv g_n(t) \equiv g(x_n,t)$, $n=\overline{1,N-1}$. 为了方便起见, 我们以如下形式编写该系统:

$$
\begin{cases}
\dfrac{\mathrm{d}g_n}{\mathrm{d}t} = v_n, \quad n=\overline{1,N-1}, \quad t \in (t_0,T], \\
\dfrac{\mathrm{d}v_n}{\mathrm{d}t} = -\dfrac{u_{n+1} - 2u_n + u_{n-1}}{h^2}, \quad n=\overline{1,N-1}, \quad t \in (t_0,T], \\
0 = u_0 - \dfrac{4}{3}u_1 + \dfrac{1}{3}u_2, \quad t \in (t_0,T], \\
0 = g_n - \dfrac{u_{n+1} - 2u_n + u_{n-1}}{h^2} + \mathrm{e}^{\varepsilon u_n}, \quad n=\overline{1,N-1}, \quad t \in (t_0,T], \\
0 = u_N - \dfrac{4}{3}u_{N-1} + \dfrac{1}{3}u_{N-2}, \quad t \in (t_0,T], \\
u_n(t_0) = u_{init_0}(x_n), \quad n=\overline{0,N}, \\
v_n(t_0) = \dfrac{u_{init_1}(x_{n+1}) - 2u_{init_1}(x_n) + u_{init_1}(x_{n-1})}{h^2} \\
\qquad\qquad - \varepsilon u_{init_1}(x_n)\mathrm{e}^{\varepsilon u_{init_0}(x_n)}, \quad n=\overline{1,N-1}, \\
g_n(t_0) = \dfrac{u_{init_0}(x_{n+1}) - 2u_{init_0}(x_n) + u_{init_0}(x_{n-1})}{h^2} \\
\qquad\qquad - \mathrm{e}^{\varepsilon u_{init_0}(x)}, \quad n=\overline{1,N-1}.
\end{cases}
$$

所得的系统为微分代数系统, 因为它既包含微分方程, 又包含代数方程 (其中两个方程由边界条件确定, 另一个由约束条件 $g = u_{xx} - \mathrm{e}^{\varepsilon u}$ 确定).

与 3.1 节中使用的方法不同, 我们不会将 u_0 和 u_N 的表达式通过它们相邻的网格值代换为其余的微分方程, 因为存在约束条件, 所以我们无法将该微分代数系统简化为纯微分系统. 但是即使存在代数方程, 求解该系统的算法也不会改变. 此外, 在本书中, 我们旨在展示尽可能多的不同 (但本质上等价) 的方法来解决所考虑的问题.

所得到的包含 $3N-1$ 个方程和 $3N-1$ 个未知函数 u_n, $n = \overline{0, N+1}$, v_n, v_n, $n = \overline{1, N-1}$ 的微分代数系统, 可以按以下形式重写:

$$\begin{cases} \boldsymbol{D}\dfrac{\mathrm{d}\boldsymbol{y}}{\mathrm{d}t} = \boldsymbol{f}(\boldsymbol{y}), \quad t \in (t_0, T], \\ \boldsymbol{y}(t_0) = \boldsymbol{y}_{init}, \end{cases} \tag{3.4.2}$$

$$\boldsymbol{y} = \left(u_0\ u_1\ u_2\ \cdots\ u_{N-1}\ u_N\ v_1\ v_2\ \cdots\ v_{N-1}\ g_1\ g_2\ \cdots\ g_{N-1}\right)^{\mathrm{T}},$$

$$\boldsymbol{f} = \left(f_1\ f_2\ \cdots\ f_{3N-1}\right)^{\mathrm{T}},$$

$$\boldsymbol{y}_{init} = \left(u_0(t_0)\ \cdots\ u_N(t_0)\ v_1(t_0)\ \cdots\ v_{N-1}(t_0)\ g_1(t_0)\ \cdots\ g_{N-1}(t_0)\right)^{\mathrm{T}},$$

这里的向量函数 $\boldsymbol{f}$ 具有以下结构:

$$f_n = \begin{cases} y(n+N+1), & \text{如果 } n = \overline{1, N-1}, \\ -\dfrac{y_{n-N+3} - 2y_{n-N+2} + y_{n-N+1}}{h^2}, & \text{如果 } n = \overline{N, 2N-2}, \\ y_1 - \dfrac{4}{3}y_2 + \dfrac{1}{3}y_3, & \text{如果 } n = 2N-1, \\ y_{n+1} - \dfrac{y_{n-2N+3} - 2y_{n-2N+2} + y_{n-2N+1}}{h^2} \\ \qquad\qquad + \mathrm{e}^{\varepsilon y_{n-2N+2}}, & \text{如果 } n = \overline{2N, 3N-2}, \\ y_{N+1} - \dfrac{4}{3}y_N + \dfrac{1}{3}y_{N-1}, & \text{如果 } n = 3N-1. \end{cases}$$

下面是 MatLab 函数的示例, 该函数可计算向量函数 $\boldsymbol{f}$ 的组成成分.

```
1  function f = f(eps,y,h,N)
2
3      % 该函数计算常微分方程系统解的向量的右半部分
4
5      % 输入数据:
6      % eps - 很小的参数
```

```
7       % y - 常微分方程系统的解向量
8       % 在当前时间层
9       % h - 在变量 x 上的网格步长
10      % N - 在变量 x 上的网格间隔的数目
11
12      % 输出数据:
13      % f - 所求向量 f
14
15      f = zeros(3*N - 1,1);
16
17      for n = 1:(N - 1)
18          f(n) = y(n + N + 1);
19      end
20      for n = N:(2*N - 2)
21          f(n) = -(y(n - N + 3) - 2*y(n - N + 2) + ...
22              y(n - N + 1))/h^2;
23      end
24      f(2*N - 1) = y(1) - 4/3*y(2) + 1/3*y(3);
25      for n = 2*N:(3*N - 2)
26          f(n) = y(n + 1) - (y(n - 2*N + 3) - ...
27              2*y(n - 2*N + 2) + y(n - 2*N + 1))/h^2 +...
28              exp(eps*y(n - 2*N + 2));
29      end
30      f(3*N - 1) =  y(N + 1) - 4/3*y(N) + 1/3*y(N - 1);
31
32  end
```

矩阵 $\boldsymbol{D}$ 具有以下非零元素:

$$D_{n,n+2N} = 1, \quad \text{如果 } n = \overline{1, N-1},$$

$$D_{n,n+2} = 1, \quad \text{如果 } n = \overline{N, 2N-2}.$$

下面是 MatLab 函数的示例, 该函数可计算矩阵 $\boldsymbol{D}$ 的组成成分.

```
1   function D = D(N)
2
3       % 函数: 计算要求解的常微分方程系统的微分算子的矩阵
4
5       % 输入数据:
6       % N - 在变量 x 上的网格间隔数目
7
8       % 输出数据:
9       % D - 微分算子的所需矩阵
10
11      D = zeros(3*N - 1,3*N - 1);
12
```

```
13      for n = 1:(N - 1)
14          D(n,n + 2*N) = 1;
15      end
16      for n = N:(2*N - 2)
17          D(n,n + 2) = 1;
18      end
19
20  end
```

结果, 通过时间变量, 在引入均等的网格 T_M 后, 对于求解系统 (3.4.2), 我们可以应用 Rosenbrock 算法 (CROS1 算法):

$$\begin{aligned}&\boldsymbol{y}(t_{m+1}) = \boldsymbol{y}(t_m) + (t_{m+1} - t_m)\,\mathrm{Re}\,\boldsymbol{w}_1\,, \quad \text{其中 } \boldsymbol{w}_1 \text{ 为线性代数方程组的解},\\&\left[\boldsymbol{D} - \frac{1+\mathrm{i}}{2}(t_{m+1} - t_m)\,\boldsymbol{f}_{\boldsymbol{y}}\Big(\boldsymbol{y}(t_m)\Big)\right]\boldsymbol{w}_1 = \boldsymbol{f}\,\Big(\boldsymbol{y}(t_m)\Big).\end{aligned} \tag{3.4.3}$$

这里 $\boldsymbol{f}_{\boldsymbol{y}}$ 表示有着元素 $(f_y)_{n,m} \equiv \dfrac{\partial f_n}{\partial y_m}$ 的矩阵 (雅可比矩阵), 对于所考虑的系统, 该矩阵有以下非零元素:

$$\begin{aligned}
&(f_y)_{n,n+N+1} = 1, \quad \text{如果 } n = \overline{1, N-1},\\
&(f_y)_{n,n-N+3} = -\frac{1}{h^2}, \quad \text{如果 } n = \overline{N, 2N-2},\\
&(f_y)_{n,n-N+2} = \frac{2}{h^2}, \quad \text{如果 } n = \overline{N, 2N-2},\\
&(f_y)_{n,n-N+1} = -\frac{1}{h^2}, \quad \text{如果 } n = \overline{N, 2N-2},\\
&(f_y)_{2N-1,1} = 1, \quad (f_y)_{2N-1,2} = -\frac{4}{3}, \quad (f_y)_{2N-1,3} = \frac{1}{3},\\
&(f_y)_{n,n+1} = 1, \quad \text{如果 } n = \overline{2N, 3N-2},\\
&(f_y)_{n,n-2N+3} = -\frac{1}{h^2}, \quad \text{如果 } n = \overline{2N, 3N-2},\\
&(f_y)_{n,n-2N+2} = \frac{2}{h^2} + \varepsilon \mathrm{e}^{\varepsilon y_{n-2N+2}}, \quad \text{如果 } n = \overline{2N, 3N-2},\\
&(f_y)_{n,n-2N+1} = -\frac{1}{h^2}, \quad \text{如果 } n = \overline{2N, 3N-2},\\
&(f_y)_{3N-1,N-1} = \frac{1}{3}, \quad (f_y)_{3N-1,N} = -\frac{4}{3}, \quad (f_y)_{3N-1,N+1} = 1.
\end{aligned}$$

下面是 MatLab 函数的示例, 该函数可计算雅可比矩阵 $\boldsymbol{f}_{\boldsymbol{y}}$ 的组成成分.

```
1  function f_y = f_y(eps,y,h,N)
2
3      % 计算所需求解的常微分方程系统的雅可比矩阵右半部分的函数
4
5      % 输入数据:
6      % eps - 很小的参数
7      % y - 常微分方程系统的解向量
8      % 在当前的时间层
9      % h - 在变量 x 上的网格步长
10     % N - 在变量 x 上的网格间隔数目
11
12     % 输出数据:
13     % f_y - 所求的雅可比矩阵
14
15     f_y = zeros(3*N - 1,3*N - 1);
16
17     for n = 1:(N - 1)
18         f_y(n,n + N + 1) = 1;
19     end
20     for n = N:(2*N - 2)
21         f_y(n,n - N + 3) = -1/h^2;
22         f_y(n,n - N + 2) = 2/h^2;
23         f_y(n,n - N + 1) = -1/h^2;
24     end
25     f_y(2*N - 1,1) = 1;
26     f_y(2*N - 1,2) = -4/3;
27     f_y(2*N - 1,3) = 1/3;
28     for n = 2*N:(3*N - 2)
29         f_y(n,n + 1) = 1;
30         f_y(n,n - 2*N + 3) = -1/h^2;
31         f_y(n,n - 2*N + 2) = 2/h^2 + ...
32             eps*exp(eps*y(n - 2*N + 2));
33         f_y(n,n - 2*N + 1) = -1/h^2;
34     end
35     f_y(3*N - 1,N - 1) = 1/3;
36     f_y(3*N - 1,N) = -4/3;
37     f_y(3*N - 1,N + 1) = 1;
38
39 end
```

结果, 通过使用了上述函数 f, D 和函数 f_y 的系统 (3.4.3), 寻找问题 (3.0.1)在变式 (3.4.1)–(3.4.2)下的数值解, 有必要在 MatLab 函数 PDESolving 上实现以下更改.

1) 有必要替换位于第 42 到 45 行的代码段, 该代码段负责定义向量维数 $\boldsymbol{y}$, 并负责在初始时间点设置它并设置其下一次修改.

```
1  % 为与当前时间相对应的常微分方程系统解的网格值数组分配内存 (§ t_m §)
2  y = zeros(1,3*N - 1);
3
4  % 设置常微分方程系统的初始条件
5  for n = 1:(N + 1)
6      y(1,n) = u_init_0(x(n));
7  end
8  for n = 1:(N - 1)
9      y(1,n + N + 1) = (u_init_1(x(n + 2)) - ...
10         2*u_init_1(x(n +1)) + u_init_1(x(n)))/h^2 -...
11         eps*u_init_1(x(n + 1))*...
12         exp(eps*u_init_0(x(n + 1)));
13     y(1,n + 2*N) = (u_init_0(x(n + 2)) - ...
14         2*u_init_0(x(n +1)) + u_init_0(x(n)))/h^2 -...
15         exp(eps*u_init_0(x(n + 1)));
16 end
```

2) 有必要更改第 57 到 86 行上的代码段, 该代码段负责实现 CROS1 算法以及选择与基础网格节点、下一次修改重合的节点.

```
1  % 实现算法 CROS1
2
3  w_1 = (D(N) - (1+1i)/2*(t(m + 1) - ...
4      t(m))*f_y(eps,y,h,N))\f(eps,y,h,N);
5
6  y = y + (t(m + 1) - t(m))*real(w_1)';
7
8  % 在有基础网格 (§ t_{m_{basic}} §) 的加密网格上, 完成匹配检查 (§ t_{m+1} §)
9  if (m + 1) == (m_basic - 1)*r_t^(s - 1) + 1
10
11     % 为了偏微分方程, 填充初始问题解的网格值的数组
12
13     % 在当前时间层, 选择与基础网格的节点重合的空间节点
14     for n = 1:(N_0 + 1)
15         u(m_basic,n) = y((n - 1)*r_x^(s-1) + 1);
16     end
17
18     % 现在, 跟踪观察在加密网格上, 与基础网格 (§ t_{m_{basic}} §) 轮次的匹配
19     m_basic = m_basic + 1;
20
21 end
```

注意到, 系统 (3.4.3) 的矩阵具有特殊形式 (参见图 3.9), 因为通过制定一种简并的高斯方法, 来优化数值计算, 该方法考虑了矩阵系统的特殊形式, 也可以使用以稀疏形式存储的矩阵来进行优化.

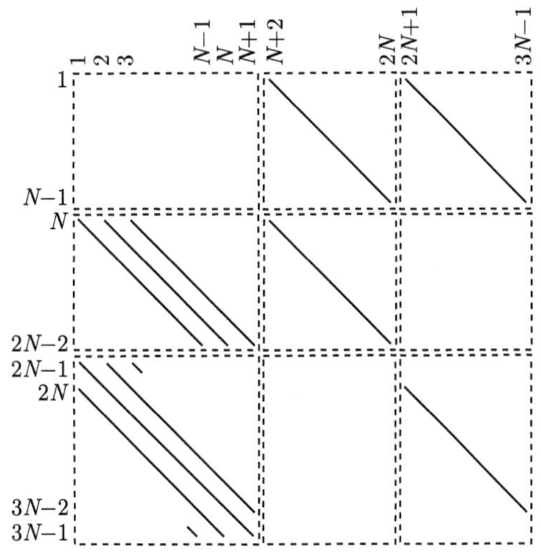

图 3.9 线性代数方程组 (3.4.3) 的矩阵结构

第 4 章 具有空间变量的高阶导数微积分方程初边值问题的爆破解分析

本章讨论具有空间变量的高阶导数微积分方程初边值问题的爆破解分析的数值特征. 作为例子我们将讨论具有非局部源的薄膜方程[26], 该方程描述了纳米尺寸薄膜的外延生长. 与前面的章节一样, 需要找到函数 $u(x,t)$, 该函数定义在区间 $(x,t)\in[a,b]\times[t_0,T]$ 并满足方程组

$$\begin{cases}\dfrac{\partial u}{\partial t}+u_{xxxx}-(|u_x|^{p-2}u_x)_x\\ \qquad =|u|^{q-2}u-\dfrac{1}{b-a}\displaystyle\int_a^b|u|^{q-2}u\,\mathrm{d}x,\quad x\in(a,b),\quad t\in(t_0,T],\\ u_x(a,t)=u_{xxx}(a,t)=0,\quad t\in(t_0,T],\\ u_x(b,t)=u_{xxx}(b,t)=0,\quad t\in(t_0,T],\\ u(x,t_0)=u_{init}(x),\quad x\in[a,b],\end{cases}\tag{4.0.1}$$

通过对比由分析法得到的先验估计 (如果有), 还可以分析出爆破解 (在它存在的情况下) 的事实, 并明确其在时间和空间上的位置. 同时在求解该方程的示例中, 我们将在解不够平滑, 或相反, 解具有更高精确度的特性的情况下, 详细讨论数值爆破解运用的特性.

4.1 寻找数值解

首先, 我们将初始的初值边界值问题 (4.0.1)简化为最方便后续表达的形式 (其中包括定义线段长度 $x\in[a,b]$ 如 $l:=b-a$):

$$\begin{cases}\dfrac{\partial u}{\partial t}+u_{xxxx}-(|u_x|^{p-1}\operatorname{sgn}u_x)_x=|u|^{q-1}\operatorname{sgn}u\\ \qquad -\dfrac{1}{l}\displaystyle\int_a^b|u|^{q-1}\operatorname{sgn}u\,\mathrm{d}x,\quad x\in(a,b),\quad t\in(t_0,T],\\ u_x(a,t)=0,\quad t\in(t_0,T],\\ u_x(b,t)=0,\quad t\in(t_0,T],\\ u_{xxx}(a,t)=0,\quad t\in(t_0,T],\\ u_{xxx}(b,t)=0,\quad t\in(t_0,T],\\ u(x,t_0)=u_{init}(x),\quad x\in[a,b].\end{cases}\tag{4.1.1}$$

为了得到问题(4.1.1)的数值解, 如前文一样, 我们采用直线法 (MOL)[19,22,23], 通过有限差分近似空间导数, 并将偏微分方程组简化为微分代数系统, 该系统可以在具有复数系数 CROS1[23,24] 的一阶 Rosenbrock 方法的帮助下有效地解决.

为此, 我们仅在空间变量 x 下引入具有 N 个区间的均匀网格 X_N, 其步长为 $h=(b-a)/N$(对应 $N+1$ 个网格节点): $X_N=\{x_n,\ 0\leqslant n\leqslant N:\ x_n=a+nh\}$. 由此可见, 在对空间导数进行二阶精度有限差分近似后, 我们得到了一个微分代数系统, 从该系统需要确定 $N+1$ 个未知函数 $u_n\equiv u_n(t)\equiv u(x_n,t)$:

$$
\begin{cases}
\dfrac{\mathrm{d}u_n}{\mathrm{d}t}+\dfrac{1}{h^4}\big(u_{n+2}-4u_{n+1}+6u_n-4u_{n-1}+u_{n-2}\big)\\[2mm]
\qquad-\dfrac{1}{h^p}\Big(|u_{n+1}-u_n|^{p-1}\operatorname{sgn}(u_{n+1}-u_n)\\[2mm]
\qquad-|u_n-u_{n-1}|^{p-1}\operatorname{sgn}(u_n-u_{n-1})\Big)=|u_n|^{q-1}\operatorname{sgn}u_n\\[2mm]
\qquad-\dfrac{1}{l}\left(\dfrac{|u_0|^{q-1}\operatorname{sgn}u_0}{2}+\displaystyle\sum_{k=1}^{N-1}|u_k|^{q-1}\operatorname{sgn}u_k+\dfrac{|u_N|^{q-1}\operatorname{sgn}u_N}{2}\right)h,\\[2mm]
\qquad\qquad\qquad\qquad n=\overline{2,N-2},\quad t\in(t_0,T],\\[2mm]
\Big(-\dfrac{3}{2}u_0+2u_1-\dfrac{1}{2}u_2\Big)/h=0,\quad t\in(t_0,T],\\[2mm]
\Big(\dfrac{3}{2}u_N-2u_{N-1}+\dfrac{1}{2}u_{N-2}\Big)/h=0,\quad t\in(t_0,T],\\[2mm]
\Big(-\dfrac{5}{2}u_0+9u_1-12u_2+7u_3-\dfrac{3}{2}u_4\Big)/h^3=0,\quad t\in(t_0,T],\\[2mm]
\Big(\dfrac{5}{2}u_N-9u_{N-1}+12u_{N-2}-7u_{N-3}+\dfrac{3}{2}u_{N-4}\Big)/h^3=0,\quad t\in(t_0,T],\\[2mm]
u_n(t_0)=u_{init}(x_n),\quad n=\overline{0,N}.
\end{cases}
$$

附注　有关线段 $[a,b]$ 的边界点处高阶单边导数近似的详细信息, 请参见本章的附录 (4.3节).

为了方便后续转换, 我们将该系统改写成以下形式, 隔离每个方程左边的微分部分并改变系统中方程的顺序:

$$
\begin{cases}
-\dfrac{3}{2}u_0+2u_1-\dfrac{1}{2}u_2=0, \quad t\in(t_0,T],\\
-\dfrac{5}{2}u_0+9u_1-12u_2+7u_3-\dfrac{3}{2}u_4=0, \quad t\in(t_0,T],\\
\dfrac{\mathrm{d}u_n}{\mathrm{d}t}=-\dfrac{1}{h^4}(u_{n+2}-4u_{n+1}+6u_n-4u_{n-1}+u_{n-2})\\
\qquad\quad +\dfrac{1}{h^p}\Big(|u_{n+1}-u_n|^{p-1}\operatorname{sgn}(u_{n+1}-u_n)\\
\qquad\quad -|u_n-u_{n-1}|^{p-1}\operatorname{sgn}(u_n-u_{n-1})\Big)+|u_n|^{q-1}\operatorname{sgn}u_n\\
\qquad\quad -\dfrac{1}{l}\left(\dfrac{|u_0|^{q-1}\operatorname{sgn}u_0}{2}+\displaystyle\sum_{k=1}^{N-1}|u_k|^{q-1}\operatorname{sgn}u_k+\dfrac{|u_N|^{q-1}\operatorname{sgn}u_N}{2}\right)h,\\
\qquad\qquad\qquad\qquad\qquad n=\overline{2,N-2}, \quad t\in(t_0,T],\\
\dfrac{5}{2}u_N-9u_{N-1}+12u_{N-2}-7u_{N-3}+\dfrac{3}{2}u_{N-4}=0, \quad t\in(t_0,T],\\
\dfrac{3}{2}u_N-2u_{N-1}+\dfrac{1}{2}u_{N-2}=0, \quad t\in(t_0,T],\\
u_n(t_0)=u_{init}(x_n), \quad n=\overline{0,N}.
\end{cases}
$$

得到的系统称为微分代数系统, 因为它既包含微分方程又包含代数方程 (前两个方程和最后两个方程由边界条件确定). 由边界条件确定的方程, 可以表示为 u_0, u_1, u_{N-1} 和 u_N, 通过将它们代入微分方程, 可以将该系统简化为纯微分方程. 但是, 由于相应变换的繁琐性, 没有必要这样做, 因为我们使用的方法允许求解微分代数系统. 此外, 让我们回忆一下, 我们的目标之一就是展示尽可能多的方法来解决本书中研究的问题类型.

得到的系统可以改写成这种形式

$$
\begin{cases}
\boldsymbol{D}\dfrac{\mathrm{d}\boldsymbol{y}}{\mathrm{d}t}=\boldsymbol{f}(\boldsymbol{y}), \quad t\in(t_0,T],\\
\boldsymbol{y}(t_0)=\boldsymbol{y}_{init},
\end{cases}
\tag{4.1.2}
$$

此处 $\boldsymbol{y}=\big(u_0\ u_1\ \cdots\ u_N\big)^{\mathrm{T}}$, $\boldsymbol{f}=\big(f_1\ f_2\ \cdots\ f_{N+1}\big)^{\mathrm{T}}$ 并且

$$
\boldsymbol{y}_{init}=\big(u_0(t_0)\quad u_1(t_0)\quad \cdots \quad u_N(t_0)\big)^{\mathrm{T}}.
$$

这里的向量函数 $\boldsymbol{f}$ 具有以下结构:

$$
f_n = \begin{cases}
-\dfrac{3}{2}y_1 + 2y_2 - \dfrac{1}{2}y_3, & \text{如果 } n = 1, \\
-\dfrac{5}{2}y_1 + 9y_2 - 12y_3 + 7y_4 - \dfrac{3}{2}y_5, & \text{如果 } n = 2, \\
-\dfrac{1}{h^4}\left(y_{n+2} - 4y_{n+1} + 6y_n - 4y_{n-1} + y_{n-2}\right) & \\
\quad + \dfrac{1}{h^p}\Big(|y_{n+1} - y_n|^{p-1}\operatorname{sgn}(y_{n+1} - y_n) & \\
\quad - |y_n - y_{n-1}|^{p-1}\operatorname{sgn}(y_n - y_{n-1})\Big) & \\
\quad + |y_n|^{q-1}\operatorname{sgn} y_n - \dfrac{1}{l}\Bigg(\dfrac{|y_1|^{q-1}\operatorname{sgn} y_1}{2} & \\
\quad + \displaystyle\sum_{k=2}^{N} |y_k|^{q-1}\operatorname{sgn} y_k + \dfrac{|y_{N+1}|^{q-1}\operatorname{sgn} y_{N+1}}{2}\Bigg)h, & \text{如果 } n = \overline{3, N-1}, \\
\dfrac{5}{2}y_{N+1} - 9y_N + 12y_{N-1} - 7y_{N-2} + \dfrac{3}{2}y_{N-3}, & \text{如果 } n = N, \\
\dfrac{3}{2}y_{N+1} - 2y_N + \dfrac{1}{2}y_{N-1}, & \text{如果 } n = N + 1.
\end{cases}
$$

下面是 MatLab 函数的示例, 该函数实现向量函数 $\boldsymbol{f}$ 的组成成分的计算.

```
1  function f = f(y,h,N,p,q,l)
2
3      % 函数计算可解的常微分方程组的右侧向量
4
5
6      % 输入数据:
7      % y - 常微分方程组在当前时间层面的解向量
8
9      % h - 变量 x 的网格步长
10     % N - 变量 x 的网格区间数
11     % p, q 和 l - 问题参数
12
13     % 输出数据:
14     % f - 所求向量 f
15
16     f = zeros(N + 1,1);
17
18     f(1) = -3/2*y(1) + 2*y(2) - 1/2*y(3);
19     f(2) = -5/2*y(1) + 9*y(2) - 12*y(3) + ...
20          7*y(4) - 3/2*y(5);
21     for n = 3:(N - 1)
22         f(n) = -1/h^4*(y(n + 2) - 4*y(n + 1) + ...
```

```
23                6*y(n) - 4*y(n - 1) + y(n - 2)) + ...
24                1/h^p*(abs(y(n + 1) - y(n))^(p - 1)*...
25                sign(y(n + 1) - y(n)) - ...
26                abs(y(n) - y(n - 1))^(p - 1)*...
27                sign(y(n) - y(n - 1))) + ...
28                abs(y(n))^(q - 1)*sign(y(n)) - ...
29                1/l*(1/2*abs(y(1))^(q - 1)*sign(y(1)) + ...
30                sum(abs(y(2:N)).^(q - 1).*sign(y(2:N))) + ...
31                1/2*abs(y(N + 1))^(q - 1)*sign(y(N + 1)))*h;
32        end
33        f(N) = 5/2*y(N + 1) - 9*y(N) + 12*y(N - 1) - ...
34            7*y(N - 2) + 3/2*y(N - 3);
35        f(N + 1) = 3/2*y(N + 1) - 2*y(N) + 1/2*y(N - 1);
36
37    end
```

矩阵函数 $\boldsymbol{D}$ 具有以下非零元素:

$$D_{n,n} = \begin{cases} 0, & 如果\ n = \{1, 2, N, N+1\}, \\ 1, & 如果\ n = \overline{3, N-1}. \end{cases}$$

下面是 MatLab 函数的一个示例, 该函数实现矩阵函数 $\boldsymbol{D}$ 的组成成分的计算.

```
1   function D = D(N)
2
3       % 函数计算可解的常微分方程组的微分算子矩阵
4
5
6       % 输入数据:
7       % N - 变量 x 的网格区间数
8
9       % 输出数据:
10      % D - 所求的微分算子矩阵
11
12      D = zeros(N + 1,N + 1);
13
14      D(1,1) = 0;
15      D(2,2) = 0;
16      for n = 3:(N - 1)
17          D(n,n) = 1;
18      end
19      D(N,N) = 0;
20      D(N + 1,N + 1) = 0;
21
22  end
```

接下来, 引入时间为 t, 步长为 $\tau=(T-t_0)/M$ 的均匀网格 T_M, 其具有 M 个区间 (即 $M+1$ 个节点): $T_M=\{t_m,\ 0\leqslant m\leqslant M:\ t_m=t_0+m\tau\}$.

在结果中, 我们可以采用 Rosenbrock CROS1 方案来解决系统 (4.1.2):

$$\boldsymbol{y}(t_{m+1})=\boldsymbol{y}(t_m)+(t_{m+1}-t_m)\operatorname{Re}\boldsymbol{w}_1, \tag{4.1.3}$$

其中 $\boldsymbol{w}_1$ 为线性方程组的解,

$$\left[\boldsymbol{D}-\frac{1+\mathrm{i}}{2}(t_{m+1}-t_m)\,\boldsymbol{f_y}\Big(\boldsymbol{y}(t_m)\Big)\right]\boldsymbol{w}_1=\boldsymbol{f}\left(\boldsymbol{y}(t_m)\right).$$

此处的 $\boldsymbol{f_y}$ 矩阵具有元素 $(f_y)_{n,m}\equiv\dfrac{\partial f_n}{\partial y_m}$ (雅可比矩阵), 该矩阵对于所研究的系统具有通过以下算法计算的非零元素:

$$(f_y)_{1,1}:=-\frac{3}{2},\quad (f_y)_{1,2}:=2,\quad (f_y)_{1,3}:=-\frac{1}{2},$$

$$(f_y)_{2,1}:=-\frac{5}{2},\quad (f_y)_{2,2}:=9,\quad (f_y)_{2,3}:=-12,$$

$$(f_y)_{2,4}:=7,\quad (f_u)_{2,5}:=-\frac{3}{2},$$

$$(f_y)_{n,1}:=-\frac{1}{2l}(q-1)|y_1|^{q-2}h,\quad \text{当 } n=\overline{3,N-1},$$

$$(f_y)_{n,m}:=-\frac{1}{l}(q-1)|y_m|^{q-2}h,\quad \text{当 } n=\overline{3,N-1}\quad m=\overline{2,N}\ ,$$

$$(f_y)_{n,N+1}:=-\frac{1}{2l}(q-1)|y_{N+1}|^{q-2}h,\quad \text{当 } n=\overline{3,N-1},$$

$$(f_y)_{N,N-3}:=\frac{3}{2},\quad (f_u)_{N,N-2}:=-7,\quad (f_y)_{N,N-1}=12,$$

$$(f_u)_{N,N}:=-9,\quad (f_y)_{N,N+1}:=\frac{5}{2},$$

$$(f_y)_{N+1,N-1}:=\frac{1}{2},\quad (f_y)_{N+1,N}:=-2,\quad (f_y)_{N+1,N+1}:=\frac{3}{2},$$

$$(f_y)_{n,n-2}:=(f_y)_{n,n-2}-\frac{1}{h^4}(1),\quad \text{当 } n=\overline{3,N-1},$$

$$(f_y)_{n,n-1}:=(f_y)_{n,n-1}-\frac{1}{h^4}(-4)$$

$$+\frac{1}{h^p}(p-1)|y_n-y_{n-1}|^{p-2}, \quad 当\ n=\overline{3,N-1},$$

$$(f_y)_{n,n}:=(f_y)_{n,n}-\frac{1}{h^4}(6)-\frac{1}{h^p}(p-1)\big(|y_{n+1}-y_n|^{p-2}$$

$$+|y_n-y_{n-1}|^{p-2}\big)+(q-1)|y_n|^{q-2}, \quad 当\ n=\overline{3,N-1},$$

$$(f_y)_{n,n+1}:=(f_y)_{n,n+1}-\frac{1}{h^4}(-4)$$

$$+\frac{1}{h^p}(p-1)|y_{n+1}-y_n|^{p-2}, \quad 当\ n=\overline{3,N-1},$$

$$(f_y)_{n,n+2}:=(f_y)_{n,n+2}-\frac{1}{h^4}(1), \quad 当\ n=\overline{3,N-1}.$$

下面是 MatLab 函数的示例, 该函数实现了雅可比矩阵 $\boldsymbol{f_y}$ 的组成成分的计算.

```
1  function f_y = f_y(y,h,N,p,q,l)
2
3      % 函数计算可解的常微分方程组右侧部分的雅可比矩阵
4
5
6      % 输入数据:
7      % y - 常微分方程组在当前时间层面的解向量
8      % h - 变量 x 的网格步长
9      % N - 变量 x 的网格区间数
10     % p, q 和 l - 问题参数
11
12
13     % 输出数据:
14     % f_y - 所求雅可比矩阵
15
16     f_y = zeros(N + 1,N + 1);
17
18     f_y(1,1) = -3/2; f_y(1,2) = 2; f_y(1,3) = -1/2;
19     f_y(2,1) = -5/2; f_y(2,2) = 9; f_y(2,3) = -12;
20     f_y(2,4) = 7; f_y(2,5) = -3/2;
21     for n = 3:(N - 1)
22         f_y(n,1) = - 1/(2*l)*(q - 1)*abs(y(1))^(q - 2)*h;
23     end
24     for n = 3:(N - 1)
25         for m = 2:N
26             f_y(n,m) = - 1/l*(q - 1)*abs(y(m))^(q - 2)*h;
27         end
28     end
29     for n = 3:(N - 1)
```

```
30            f_y(n,N + 1) = - 1/(2*l)*(q - 1)*...
31            abs(y(N + 1))^(q - 2)*h;
32        end
33        f_y(N,N-3) = 3/2; f_y(N,N-2) = -7; f_y(N,N-1) = 12;
34        f_y(N,N) = -9; f_y(N,N+1) = 5/2;
35        f_y(N+1,N-1) = 1/2; f_y(N+1,N)= -2; f_y(N+1,N+1)=3/2;
36
37        for n = 3:(N - 1)
38            f_y(n,n - 2) = f_y(n,n - 2) - 1/h^4*(1);
39            f_y(n,n - 1) = f_y(n,n - 1) - 1/h^4*(-4) + ...
40            1/h^p*(p - 1)*abs(y(n) - y(n - 1))^(p - 2);
41            f_y(n,n) = f_y(n,n) - 1/h^4*(6) - ...
42            1/h^p*(p-1)*(abs(y(n+1)-y(n))^(p - 2)+ ...
43            abs(y(n) - y(n - 1))^(p - 2)) + ...
44            (q - 1)*abs(y(n))^(q - 2);
45            f_y(n,n + 1) = f_y(n,n + 1) - 1/h^4*(-4) + ...
46            1/h^p*(p - 1)*abs(y(n + 1) - y(n))^(p - 2);
47            f_y(n,n + 2) = f_y(n,n + 2) - 1/h^4*(1);
48        end
49
50    end
```

以下是 MatLab 函数的示例, 该函数使用上述函数 f, D 和 f_y, 在根据方案 (4.1.3) 更改后的形式 (4.1.2)下, 实现对问题 (4.1.1)的数值解的搜索.

```
1     function u = PDESolving(a,b,N_0,t_0,T,M_0,...
2         u_init,p,q,r,s,r_x,r_t)
3
4         % 该函数寻找偏微分方程 (PDE) 的近似数值解
5
6
7         % 输入参数:
8         % a, b - 变量 x 的闭区间边界 (§ [a, b] §)
9         % N_0 - 空间上基础网格的区间数量
10        % t_0, T - 开始和结束的计数时刻 (§ (t_0) §) 和 (§ T §)
11        % M_0 - 时间上基础网格的区间数量
12        % u_init - 定义初始条件的函数
13        % p, q 和 r - 所求解方程式中包含的参数
14        % s - 网格编号, 在其上计算解
15        % (如果 s = 1, 则在基础网格上求解)
16        % r_x 和 r_t - x 和 t 的网格密集系数
17
18        % 输出参数:
19        % u- 数组, 其包含偏微分方程解的网格值,
20        % 该值仅在与基础网格节点重合的节点上
21
22        % 在对空间变量 x 上 (§r_x^{s-1}§) 次和
```

```
23       % 在对时间变量 t 上 (§r_t^{s-1}§) 次中
24       % 形成编号为 s 的细化网格
25
26       N = N_0*r_x^(s - 1);     % 在编号为 s 的网格上
27       M = M_0*r_t^(s - 1);     % 计算区间数
28
29       h = (b - a)/N;        % 定义 x 上的网格步长
30       x = a:h:b;            % 定义 x 上的细化网格
31       tau = (T - t_0)/M;    % 定义 t 上的网格步长
32       t = t_0:tau:T;        % 定义 t 上的细化网格
33
34       % 在数组 u 上分配内存
35       % 该数组在第 (m + 1) 行存储
36       % 解的网格值
37       % 该值对应基础网格在时间上的时刻 (§ t_m §)
38       u = zeros(M_0 + 1,N_0 + 1);
39
40       % 在网格值数组上分配内存
41       % 常微分方程组的解
42       % 对应的当前时刻 (§ t_m §)
43       y = zeros(1,N + 1);
44
45       % 可解常微分方程组的初始条件的任务
46       for n = 1:(N + 1)
47           y(1,n) = u_init(x(n),r);
48       end
49
50       % 从与初始条件对应的数组 u_init 的第一行中,
51       % 从节点中选择网格值,
52       % 该节点与空间上的基础网格的节点重合
53       for n = 1:(N_0 + 1)
54           u(1,n) = u_init(x((n - 1)*r_x^(s - 1) + 1),r);
55       end
56
57       % 引入一个指标, 该索引负责在编号为 s 网格上的临时层的选择
58       % 该索引与基础网格的对应的临时层重合.
59       % 此时, 我们将跟踪在基础网格上的 (§ t_{m_{basic}} §)
60       % 与细化网格上的 (§ t_m §) 的重合
61       m_basic = 2;
62
63       for m = 1:M
64
65           % 实现 CROS1 方案
66
67           w_1 = (D(N) - (1+1i)/2*(t(m + 1) - ...
68           t(m))*f_y(y,h,N,p,q,b - a))\...
69           f(y,h,N,p,q,b - a);
70
```

```
71          y = y + (t(m + 1) - t(m))*real(w_1)';
72
73          % 在带有 (§ t_{m_{basic}} §) 基础网格的细化网格上
74          % 执行重合检验 (§ t_{m+1} §)
75          if (m + 1) == (m_basic - 1)*r_t^(s - 1) + 1
76
77              % 对于偏微分方程原始问题的网格值数组的填写
78
79              % 在当前时间层面选择空间节点
80              % 该节点与基础网格节点重合
81              % (除了在上面已经核查的边界)
82              for n = 1:(N_0 + 1)
83                  u(m_basic,n) = y((n - 1)*r_x^(s - 1)+ 1);
84              end
85
86              % 现在将跟踪在细化网格上的 (§ t_{m+1} §) 与
87              % 下一个基础网格 (§ t_{m_{basic}} §) 的重合
88              m_basic = m_basic + 1;
89
90          end
91
92      end
93
94  end
```

附注 与前面章节一样, 让我们关注 PDESolving 函数实现的一些特性.

1. 该函数已经实现了在一系列细化网格上寻找近似数值解的可能, 包括仅从与基础网格节点重合的节点中选择网格值. 在数值诊断爆破解的实现中, 我们将需要此特性, 在下一节将对此进行讨论. 现在, 为了仅在一个 (基础) 网格上计算解, 我们将使用此函数. 这种情况对应的输入参数值 $s=1$, 因此参数 r_x 和 r_t 的值是不重要的, 且在目前没有影响.
2. 为了节省内存 (这对于很大的 s 值至关重要), 在当前计算时间中仅将向量 $\boldsymbol{y}(t_m)$ 的一组网格值存储在内存中, 而作为在编号为 s 网格上的网格解的函数, 其不会返回一组完整的网格值, 只会返回与基础网格节点重合的节点上的一组值.
3. 需要注意以下: 当变换向量 $\boldsymbol{t}$ 和 $\boldsymbol{x}$ 的组成成分时, 所有索引都位移 +1(与上述分析公式相比), 因为在 MatLab 中, 数组元素的编号以 1 开始 (因此 $x_0\equiv x(1)$, $x_1\equiv x(2)$, $\cdots$, $x_N\equiv x(N+1)$).

可以通过以下命令集来启动 PDESolving 函数.

```
1  % 定义计数开始和结束的时间
2  t_0 = 0; T = 0.113;
```

```
3
4  % 定义区间边界 (§ x ∈ [a, b] §)
5  a = 0; b = pi;
6
7  % 定义基础网格的区间数
8  N = 50; M = 50;
9
10 % 定义求解方程中包含的参数
11 p = 3.5; q = 4.5; r = 3;
12
13 % 定义初始条件
14 u_init = @(x,r) r*cos(x);
15
16 s = 1;    % 网格编号 (仅基础网格)
17 r_x = 2; % x 下的细化网格的系数
18 r_t = 2; % t 下的细化网格的系数
19
20 u = PDESolving(a,b,N,t_0,T,M,u_init,p,q,r,s,r_x,r_t);
21
22 % 解的绘制
23 figure;
24 x = a:(b - a)/N:b; % x 下的基础网格的定义
25 for m = 0:M
26     % 绘制初始条件图
27     plot(x,u(1,:),'--k','LineWidth',1); hold on;
28     % 绘制在时间 (§ t_m §) 下的解的图
29     plot(x,u(m + 1,:),'-ok',...
30         'MarkerSize',3,'LineWidth',1); hold on;
31     axis([a b -12 12]); xlabel('x'); ylabel('u');
32     hold off; drawnow; pause(0.1);
33 end
```

这组指令可以为下一组问题(4.0.1)的参数提供解:

$$
\begin{aligned}
&a = 0, \quad b = \pi, \quad t_0 = 0, \quad T = 0.113, \\
&p = 3.5, \quad q = 4.5, \\
&u_{init}(x) = r\cos x, \quad r = 3
\end{aligned}
\tag{4.1.4}
$$

和在空间和时间上的网格参数:

$$
N = 50, \quad M = 50. \tag{4.1.5}
$$

在图 4.1中, 给出了函数 $u(x, t_m)$ 在不同时间点 t_m 的几组网格值.

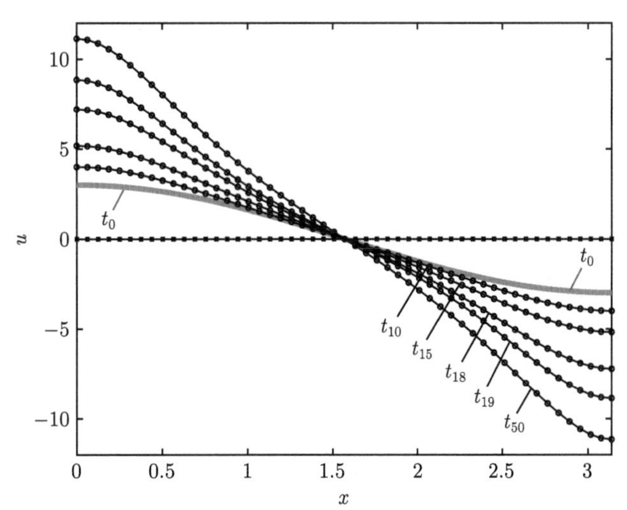

图 4.1 根据 (4.1.3)方案, 对于参数组 (4.1.4)–(4.1.5), 问题 (4.0.1)解的示例. 该图体现了函数 $u(x, t_m)$ 在不同时间点 t_m 的几组网格值

4.2 爆破解数值分析

诊断爆破解事实的实用算法总体上重复了在 2.4 节中被引入的算法. 我们在这里仅讨论基本差异和应用细节.

联系到, 我们在 (4.1.1)中把所有空间导数近似至精确度 $O(h^2)$, 而在方程组 (4.1.2)的数值积分中使用精确度为 $O(\tau^2)$ 的 CROS1 算法, (4.1.3)建立起来的解方程组 (4.0.1) 的方法的精确度为 $O(\tau^2 + h^2)$, 也就是说, $p_x = {p_x}^{theor} \equiv 2$ 和 $p_t = p_t^{theor} \equiv 2$. 这样, 从一致性条件 (2.4.4) 推出, 为满足 Runge-Romberg 公式 (2.4.7) 的适用条件, 不同变量的加密系数 r_x 和 r_t 应满足关系 $r_x^2 = r_t^2$.

这样, 在加密网格序列 $s = \overline{1, S}$ 中, 从基本 $X_N \times T_M$: $\{x_n, t_m\}$, $0 \leqslant n \leqslant N$, $0 \leqslant m \leqslant M$ 开始, 计算解集 $u_{(s)}(x, t) \equiv u^{(r_x^{s-1}N, r_t^{s-1}M)}(x, t)$ 之后, 我们可以作以下估算.

1. 在所有时间区间 $t \in [t_0, T]$ 上, 根据公式 (2.4.12) 解方程组 (4.1.2)的精度的有效阶

$$p_{t_{(s)}}^{eff} = \log_{r_t} \frac{\sqrt{\sum\limits_{n=0}^{N}\sum\limits_{m=0}^{M}\left(u_{(s-1)}(x_n, t_m) - u_{(s-2)}(x_n, t_m)\right)^2}}{\sqrt{\sum\limits_{n=0}^{N}\sum\limits_{m=0}^{M}\left(u_{(s)}(x_n, t_m) - u_{(s-1)}(x_n, t_m)\right)^2}}.$$

2. 根据公式 (2.4.13), 通过在时间上精确到基础网格 T_M 来估计特定时刻的定位, 其中解发生爆破, 在每个节点 $t_m \in T_M$, $1 \leqslant m \leqslant M$ 上, 逐点估算精度的有效阶

$$p_{t_{(s)}}^{eff}(t_m) = \log_{r_t} \frac{\sqrt{\sum_{n=0}^{N}\left(u_{(s-1)}(x_n,t_m) - u_{(s-2)}(x_n,t_m)\right)^2}}{\sqrt{\sum_{n=0}^{N}\left(u_{(s)}(x_n,t_m) - u_{(s-1)}(x_n,t_m)\right)^2}}.$$

注释 注意到, 像 2.4 节, 在基础网格 T_M 节点 t_0 上, 精度的有效阶 $p_{t_{(s)}}^{eff}(t_0)$ 不被计算, 因为在任何网格的该节点上, 解均由初始条件精确决定.

3. 在每个节点 $x_n \in X_N$, $0 \leqslant n \leqslant N$, 根据公式 (2.4.14), 针对每个特定时刻 $t_m \in T_M$, $1 \leqslant m \leqslant M$, 估计爆破解空间点位置至精确度为空间中的基础网格 X_N 的步骤.

$$p_{xt_{(s)}}^{eff}(x_n,t_m) = \log_{r_t} \frac{|u_{(s-1)}(x_n,t_m) - u_{(s-2)}(x_n,t_m)|}{|u_{(s)}(x_n,t_m) - u_{(s-1)}(x_n,t_m)|}.$$

注释 注意, 与 2.4 节相比, 精度的有效阶 $p_{xt_{(s)}}^{eff}(x,t_m)$ 可以在边界节点处被计算, 因为在数值计算过程中边界节点处确切函数值对我们来说是未知的, 它只是数值上被近似地估算出来.

以下是一组 MatLab 代码的示例, 格式为单独的文件 test_4_1.m, 通过重复运行这节介绍的 MatLab 函数 PDESolving, 从基础网格 $X_N \times T_M$ 开始, 在不同网格中, 可以获取带有参数集 (4.1.4) 的问题 (4.0.1)的网格解 $u_{(s)}(x,t) \equiv u^{(r_x^{s-1}N, r_t^{s-1}M)}(x,t)$, $s = \overline{1,S}$, 并且在不同的网格上带有参数集 (4.1.4).

```
1  % 定义开始和结束的计时
2  t_0 = 0; T = 0.113;
3
4  % 线段边界定义 (§ x ∈ [a, b] §)
5  a = 0; b = pi;
6
7  % 基础网格区间数定义
8  N = 49; M = 50;
9
10 % 参数定义, 参数引入
11 % 到可解方程
12 p = 3.5; q = 4.5; r = 3;
```

```
13
14 % 初始条件定义
15 u_init = @(x,r) r*cos(x);
16
17 S = 5;    % 网格数, 网格上寻找
18           % 近似解
19 r_x = 2; % x 的加密网格系数
20 r_t = 2; % t 的加密网格系数
21
22 % 为网格值数组分配内存
23 % 带编号 (§ s = 1,S §) 的不同网格上, 常微分方程的解
24 % 第一个标记是序列中的网格编号 s
25 % 加密网格, 在其上寻找解
26 % 第二和第三标记定义数组,
27 % 在它的 (m+1) 的行中, 存储了
28 % 解在网格上的值, 解相应于
29 % 时刻 (§ t_m §), 从与基础网格的节点一致节点
30 array_of_u = zeros(S,M + 1,N + 1);
31
32 % "大循环", S 次重新计算解
33 % 在加密网格序列上
34 % 解的加密值数组仅仅包含
35 % 从节点处的加密值
36 % 节点和基础网格节点一致
37 for s = 1:S
38     u = PDESolving(a,b,N,t_0,T,M,u_init,p,q,r,s,r_x,r_t);
39     array_of_u(s,:,:) = u;
40     s
41 end
42
43 % 我们保存了进一步分析所需的内容
44 % 将 Workspace 数据的爆破解存入文件
45 save('data.mat','array_of_u','N','M',...
46     'r_x','r_t','S','a','b','t_0','T');
```

对于参数集 (4.1.4), 这组代码实现了求解问题 (4.0.1) .

注意, 将对于带有 [26, 定理 3.1, 情况 (i)] 的参数集 (4.1.4)的问题 (4.0.1)所获得的爆破解时间上的先验估算结果作为最终计时时刻 (4.0.1).

$$T(r)=\frac{r^2\displaystyle\int_0^\pi \cos^2 x\,\mathrm{d}x}{(2-q)qJ(r)}, \tag{4.2.1}$$

其中 (见 [26] 中的公式 (2.5))

$$J(r)=\frac{r^2}{2}\int_0^\pi \cos^2\ \mathrm{d}x+\frac{r^p}{p}\int_0^\pi |\sin x|^p\mathrm{d}x-\frac{r^q}{q}\int_0^\pi |\cos x|^q\mathrm{d}x.$$

与先前一样, 此 MatLab 代码 test_4_1.m 的运行结果将是文件 data.mat, 其内容将由 2.4 节中介绍的函数 BlowUpDiagnostics.m, BlowUpDiagnostics_for_each_t.m 和 BlowUpDiagnostics_for_specified_t.m 载入, 诊断爆破解事实, 而无须在一系列加密网格上重复计算解.

MatLab 文件①BlowUpDiagnostics.m 和②BlowUpDiagnostics_for_each_t.m, 其中①计算时间间隔 $t \in [t_0, T]$ 中的近似解的精度的有效阶, 而②在和基础网格 T_M 的 t_m, $1 \leqslant m \leqslant M$ 节点一致的节点上, 实现近似解精度的有效阶的计算, 使用已经生成的 data.mat 文件中的数据, 且不做任何改变.

在特定时间 $t_m \in T_M$(2.4.14), 使用 data.mat 文件中的数据, 为定位空间变量 x 爆破, 计算与空间 X_N 中的基础网格节点 x_n 一致的节点处近似解的精度的有效阶的 MatLab 文件 BlowUpDiagnostics _for_specified_t.m 只有一处更改: 精度的有效阶的计算在 X_N 网格上包括边界节点的所有节点上进行. 为此, 需要将单个 for 循环的下限从 2 更改为 1.

在进行绘制解的 MatLab 文件 draw.m(2.4 节) 中, 应仅更改 axis 命令, 在该命令中, 需要更改每个单独的之前考虑的示例沿纵坐标绘制图像的界限.

4.2.1 提高算法精度的有效阶的示例

让我们考虑一个使用参数集 (4.1.4)解决问题 (4.0.1)的示例:

$$\begin{aligned} &a = 0, \quad b = \pi, \quad t_0 = 0, \quad T = 0.113, \\ &p = 3.5, \quad q = 4.5, \\ &u_{init}(x) \equiv r\cos x, \quad r = 3. \end{aligned} \tag{4.2.2}$$

对于数值计算, 我们 $N = 49$ 和 $M = 50$ 间隔的网格作为基础网格 $X_N \times T_M$, 并使用加密系数 $r_x = 2$ 和 $r_t = 2$ 对网格进行顺序加密. 图 4.2 显示了在第五个网格 ($s = 5$) 求解后的计算结果 (通过从文件 test_4_1.m $\rightarrowtail$ draw.m 依次运行一组 MatLab 代码).

注释 选择相对于空间变量的间隔数为 $N = 49$ 而不是已经熟悉的 $N = 50$, 以使基础网格 X_N 的节点都不会落入空间变量 x 的值中, 在该值处目标函数 u 的函数值接近 0 并且几乎不变. 否则, 由于机器舍入误差, 空间变量 $p_{xt_{(s)}}^{eff}(x,t)$ 中精度的有效阶将被计算为具有明显误差. 在参数集 (4.2.2)的情况下, 这是线段的中间 $N = 50$ 时的 x_{25} 重合 (由初步计算确定).

图 4.3 显示了计算结果 (通过从文件 test_4_1.m $\rightarrowtail$ BlowUpDiagnostics_for_each_t.m 依次运行一组 MatLab 代码), 显示了精度的有效阶 $p_{t_{(S)}}^{eff}(t_m)$, $1 \leqslant m \leqslant M$ 的逐点值的输出, 用于 $S = 5$ 时的渐近精确值. 在这种情况下, 我们注意到渐近准确值的不完全输出是由于以下事实: 随着网格的后续加密 (例如, 当

$S=6$), 机器舍入误差开始强烈影响, 从而导致结果变差.

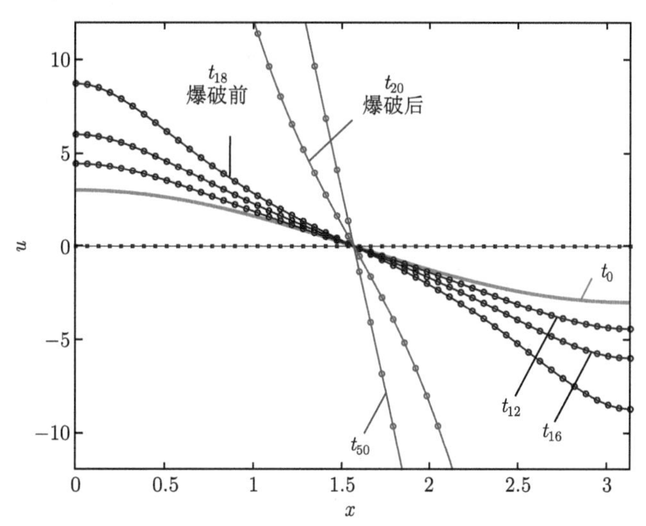

图 4.2 对于参数集: $N=49$, $M=50$, $r_x=2$, $r_t=2$, $s=5$, 有初始数据 (4.2.2)的问题 (4.0.1)的解 $u_{(s)}(x,t)\equiv u^{(r_x^{s-1}N, r_t^{s-1}M)}(x,t)$ 的计算结果. 仅标记与基础网格的节点一致的节点

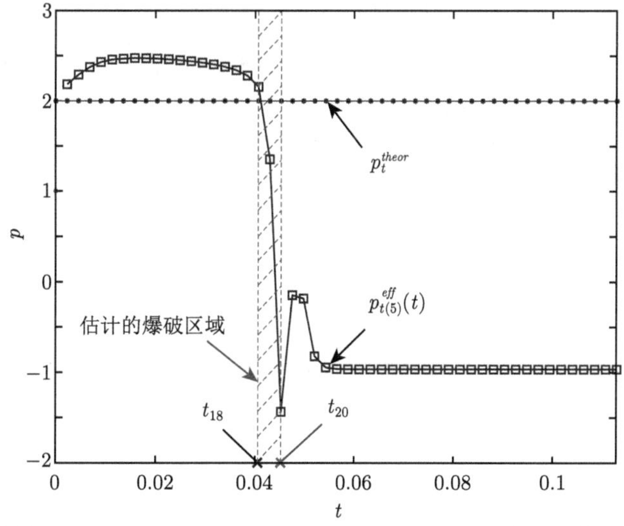

图 4.3 对于参数集: $N=49$, $M=50$, $r_x=2$, $r_t=2$, $S=5$, 有输入数据集 (4.2.2)的问题 (4.0.1)的精度有效阶 $p_{t_{(S)}}^{eff}(t_m)$, $1\leqslant m\leqslant M$ 的计算结果

因此, 对于有关参数集 (4.2.2)的问题 (4.0.1)的数值解, 我们可以得出以下结论. 在 $S=5$ 嵌套网格上计算后, 在 $t_m\in T_M$ 至 $m=18$ 每个时刻, 精度的有效阶

$p_{t_{(S)}}^{eff}(t)$ 的逐点值收敛至 $p_t \sim 2.4$, 而对于大值 m, 值趋近于 -1. 这意味着, 爆破发生在 $T_{bl} \in (t_{18}, t_{20}] \equiv (0.0407, 0.0452]$ 时刻, 而当 $m > 20$, 精度的有效阶明显趋近于 -1 的趋势让我们假设, 在点 T_{bl} 处解拥有极点型奇点: $u(x,t) \sim (T_{bl} - t)^{-1}$.

但是, 出现了一个问题, 为什么当 $t \in (t_0, T_{bl})$, $p_{t_{(S)}}^{eff}(t)$ 会收敛到大于理论值 $p_t^{theor} = 2$? 为了回答这个问题, 我们将进行进一步的研究.

让我们重新计算以下两个网格加密系数 r_x 和 r_t 的值 $T = 0.0400 < T_{bl}$ 的示例.

在第一种情况下, 网格的加密系数定义为 $r_x = 1$ 和 $r_t = 2$, 即我们不会针对变量 x 加密网格. 在这种情况下, 在 2.4 节中获得的实现精度的有效阶的实用算法公式 (2.4.12) 采用以下形式:

$$p_{t_{(s)}}^{eff} = \log_{r_t} \frac{\sqrt{\sum_{n=0}^{N}\sum_{m=0}^{M}\left(u_{(s-1)}(x_n,t_m) - u_{(s-2)}(x_n,t_m)\right)^2}}{\sqrt{\sum_{n=0}^{N}\sum_{m=0}^{M}\left(u_{(s)}(x_n,t_m) - u_{(s-1)}(x_n,t_m)\right)^2}}, \tag{4.2.3}$$

其中

$$u_{(s)}(x,t) \equiv u^{(N, r_t^{s-1}M)}(x,t),$$

并定义算法 $p_t{}^{eff}$ 的精度的有效阶, 将其应用于仅按照变量 t 考虑的示例.

如果我们将网格加密系数定义为 $r_x = 2$ 和 $r_t = 1$, 即, 我们不会针对变量 t 加密网格, 则公式 (2.4.12) 将采用以下形式

$$p_{x_{(s)}}^{eff} = \log_{r_x} \frac{\sqrt{\sum_{n=0}^{N}\sum_{m=0}^{M}\left(u_{(s-1)}(x_n,t_m) - u_{(s-2)}(x_n,t_m)\right)^2}}{\sqrt{\sum_{n=0}^{N}\sum_{m=0}^{M}\left(u_{(s)}(x_n,t_m) - u_{(s-1)}(x_n,t_m)\right)^2}}, \tag{4.2.4}$$

其中

$$u_{(s)}(x,t) \equiv u^{(r_x^{s-1}N, M)}(x,t),$$

并定义算法 $p_x{}^{eff}$ 的精度的有效阶, 将其应用于仅按照变量 x 考虑的例子.

表 4.1显示了应用公式 (4.2.3) 和 (4.2.4)的结果. 正如所见, 当 $s \to 6$ 时, $p_{t_{(s)}}^{eff}$ 收敛到值 $p_t{}^{eff} = 2$, 而 $p_{x_{(s)}}^{eff}$ 收敛到 $p_x{}^{eff} \sim 2.6$ (大值 s 情况下, 开始影响机器舍入误差, 从而导致 $p_{x_{(s)}}^{eff}$ 的错误计算).

表 4.1 对于时间区间 $t \in [0, 0.040 < T_{bl}]$, 值集 ${p_t}_{(s)}^{eff}$ 和 ${p_x}_{(s)}^{eff}$ ，基于使用一组输入数据 (4.2.2) 计算问题 (4.0.1) 的结果, 其带有初始网格 $X_{49} \times T_{50}$ 以及加密网格系数 $r_x = 1$, $r_t = 2$ (在计算 ${p_t}_{(s)}^{eff}$ 情况下) 和 $r_x = 2$, $r_t = 1$ (在计算 ${p_x}_{(s)}^{eff}$ 情况下)

s	${p_t}_{(s)}^{eff}$
3	1.9575
4	1.9841
5	1.9936
6	1.9972
7	1.9987
8	1.9994

s	${p_x}_{(s)}^{eff}$
3	2.2103
4	2.5035
5	2.5761
6	2.6671
7	0.4042
8	−4.0357

注释 为了实际实现公式 (4.2.4) , 需在 MatLab 文件 BlowUpDiagnostics.m 中用 r_x 替换对数的底数. 回想一下, 一致性条件 (2.4.4) 意味着不同变量中的加密系数 r_x 和 r_t 要满足 Runge-Romberg 公式 (2.4.7) 的适用条件就必须满足关系 $r_x^{{p_x}^{eff}} = r_t^{{p_t}^{eff}}$. 显然, 对于获得的估计 ${p_t}^{eff}$ 和 ${p_x}^{eff}$, 最初用于计算的网格加密系数不满足该关系. 结果, 所获得的爆破解的时间和性质的估计是不合理的. 出现了一个问题, 哪一个满足一致性条件 (2.4.4) 的整数值 r_x 和 r_t 更容易获得正确的结果? 为此, 对于各种整数 r_t, 我们计算 r_x 是通过

$$r_x = r_t^{\frac{{p_t}^{eff}}{{p_x}^{eff}}} \tag{4.2.5}$$

并选择最接近整数的 r_x 的值. 但是, 重要的是要记住 ${p_x}_{(s)}^{eff}$ 的值估计有一定误差, 因此让我们对 ${p_x}_{(s)}^{eff}$ 和不同的 s 进行计算. 相关计算结果列在表 4.2 中.

表 4.2 r_t 值的集合及其对应的 r_x 值, 取决于不同的估计 ${p_x}^{eff}$ 值

r_t	r_x 对于		
	${p_x}^{eff} = 2.50$	${p_x}^{eff} = 2.58$	${p_x}^{eff} = 2.67$
2	1.7411	1.7114	1.6807
3	2.4082	2.3435	2.2772
4	**3.0314**	**2.9290**	**2.8248**
5	3.6239	3.4821	3.3387
6	**4.1930**	**4.0107**	**3.8272**
7	4.7433	4.5198	4.2957
8	5.2780	**5.0127**	4.7476
9	5.7995	5.4919	**5.1855**
10	6.3096	**5.9593**	5.6113
11	**6.8095**	6.4162	**6.0266**
12	7.3004	**6.8640**	6.4324
13	7.7831	7.3033	**6.8299**
14	8.2585	7.7352	7.2198
15	8.7272	**8.1602**	7.6027

续表

r_t	r_x 对于		
	$p_x{}^{eff}=2.50$	$p_x{}^{eff}=2.58$	$p_x{}^{eff}=2.67$
16	**9.1896**	8.5788	**7.9793**
17	9.6463	**8.9916**	8.3500
18	**10.0976**	9.3990	8.7152
19	10.5439	**9.8013**	**9.0754**
20	**10.9856**	**10.1988**	9.4309
21	11.4229	10.5920	9.7820
22	11.8560	**10.9809**	**10.1288**
23	12.2852	11.3659	10.4718
24	12.7107	11.7471	10.8110
25	**13.1326**	**12.1248**	**11.1467**

通过分析此表中显示的数据, 我们可以得出结论, 为了更准确地估计爆破解的时间和性质, 以下几对 (r_x, r_t) 是可以使用的: $(3,4)$ 和 $(4,6)$. 第一对用于计算最方便, 因为它需要较少的计算资源.

现在, 让我们使用输入数据 (4.2.2)重新计算所考虑的示例, 以使网格加密系数等于 $r_x=3$ 和 $r_t=4$. 图 4.4显示了在第 4 个网格 $(s=4)$ 计算解后的计算结果 (通过从文件依次运行一组 MatLab 代码).

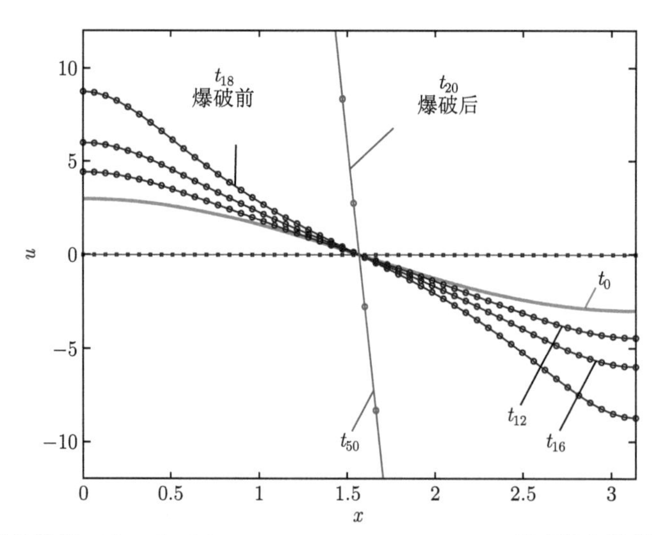

图 4.4 对于参数集: $N=49$, $M=50$, $r_x=3$, $r_t=4$, $s=4$, 带有输入数据 (4.2.2) 的问题 (4.0.1)的解 $u_{(s)}(x,t)\equiv u^{(r_x^{s-1}N, r_t^{s-1}M)}(x,t)$ 的计算结果. 仅标记与基础网格的节点一致的节点

注释 注意, 用于计算和表示结果的网格数量已从 $S=5$ 减少至 $S=4$. 从表 4.1推出, 机器舍入误差已在变量 x 的第 7 个网格上开始影响. 当 $r_x=2$, 此

网格具有 $r_x^{s-1}N = 2^{7-1} \cdot 49 \sim 3000$ 个间隔. 当 $r_x = 3$, 在第 5 个网格上, 间隔数已是 $3^{5-1} \cdot 49 \sim 4000$, 这将进一步导致过多的机器舍入误差累积. 从表 4.1 中可以得出, 不会导致出现机器舍入误差影响的最大间隔为 $\sim 2^{6-1} \cdot 49 \sim 1500$, 当 $r_x = 3$, 大约为 $s = 4$.

在图 4.5 中, 计算结果被给出 (通过从文件 test_4_1.m ↣ BlowUpDiagnostics_for_each_t.m 顺序执行 MatLab 代码), 演示精度的有效阶 $p_{t_{(S)}}^{eff}(t_m)$, $1 \leqslant m \leqslant M$ 逐点值, 用于渐近精确值.

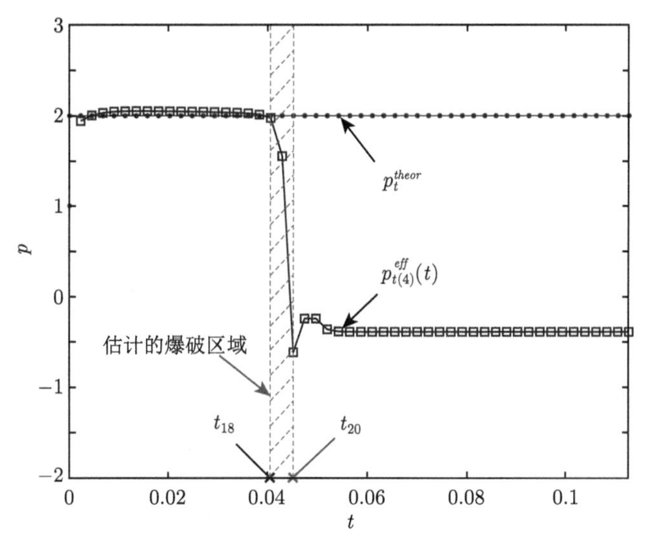

图 4.5 对于参数集: $N = 49$, $M = 50$, $r_x = 3$, $r_t = 4$, $S = 4$, 带有输入数据集 (4.2.2)的问题 (4.0.1)的精度的有效阶 $p_{t_{(S)}}^{eff}(t_m)$, $1 \leqslant m \leqslant M$ 的计算结果

这样, 对于关于参数集 (4.2.2)的问题 (4.0.1) 的数值解, 我们可以做出以下改进的结论. 在 $S = 4$ 嵌套网格上计算后, 对于每个时刻 $t_m \in T_M$ 至 $m = 18$, 精度的有效阶 $p_{t_{(S)}}^{eff}(t)$ 逐点值收敛至 $p_t = 2$, 而对于大值 m, 值趋近于 -0.38. 这意味着, 爆破发生在 $T_{bl} \in (t_{18}, t_{20}] \equiv (0.0407, 0.0452]$ 时刻, 而当 $m > 20$, 精度的有效阶趋近于 -0.38 的明显趋势让我们假设, 在点 T_{bl} 处, 解拥有极点型奇点: $u(x,t) \sim (T_{bl} - t)^{-0.38}$.

正如所见, 重新计算示例以提高算法精度的有效阶使我们得以阐明爆破解的性质.

此外, 我们可以研究关于空间变量的爆破解性质的问题. 图 4.6 显示了计算的结果 (通过从文件 test_4_1.m ↣ BlowUpDiagnostics_for_specidied_t.m 中依次运行一组 MatLab 代码) 在爆破解之前或之后 (或可能之时). 可以清楚地看出, 收敛性 $p_{xt_{(s)}}^{eff}(x,t)$ 与理论值 $p_t^{theor} = 2$ 的偏差出现在网格 X_N 的所有点上,

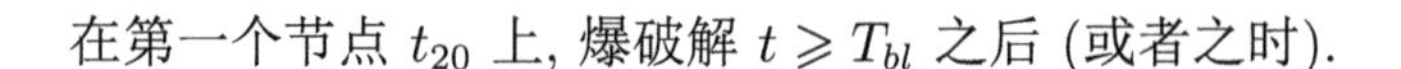
在第一个节点 t_{20} 上, 爆破解 $t \geqslant T_{bl}$ 之后 (或者之时).

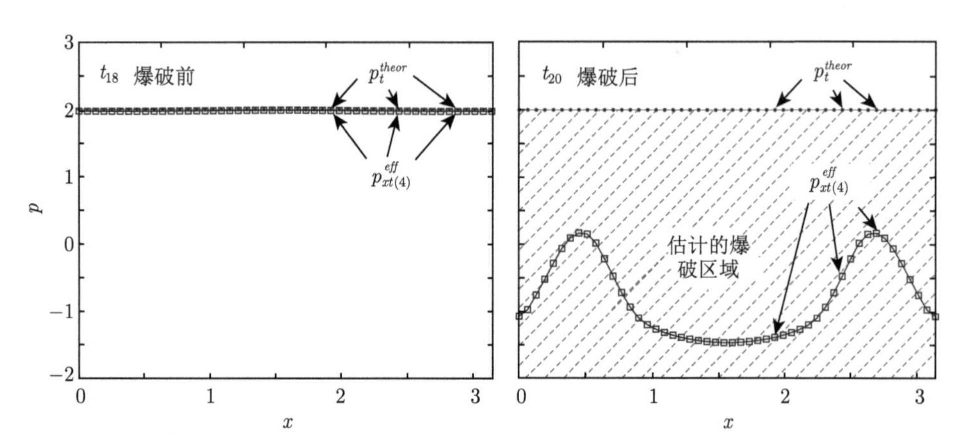

图 4.6　对于参数集: $N = 49$, $M = 50$, $r_x = 3$, $r_t = 4$, $S = 4$, 带有输入数据集(4.2.2)的问题 (4.0.1)的精度的有效阶 $p_{xt}{}^{eff}_{(S)}(x, t_m)$ 的计算结果. 图中给出 $m \in \{18, 20\}$ 的情形

最终, 我们可以得出结论: 在第四个嵌套网格上获得的数值解的哪一部分 (见图 4.4) 我们可以信任, 哪一部分则不能.

4.2.2　降低算法精度的有效阶的示例

现在考虑解以下参数集的问题 (4.0.1)的示例:

$$
\begin{aligned}
&a = 0, \quad b = \pi, \quad t_0 = 0, \quad T = 4.145, \\
&p = 2.5, \quad q = 3.5, \\
&u_{init}(x) \equiv r\cos x, \quad r = 3.
\end{aligned}
\tag{4.2.6}
$$

在此, 将通过公式 (4.2.1)计算爆破解时间上先验的结果作为最终计时 T.

对于数值计算, 我们以 $N = 49$ 和 $M = 50$ 间隔的网格作为基础网格 $X_N \times T_M$, 并对网格进行依次加密, 其加密系数为 $r_x = 2$ 和 $r_t = 2$. 图 4.7 显示了计算结果 (通过从文件 test_4_1.m $\rightarrowtail$ BlowUpDiagnostics_for_each_t.m 依次运行一组 MatLab 代码), 它显示了精度的有效阶 $p_t{}^{eff}_{(S)}(t_m)$, $1 \leqslant m \leqslant M$ 的逐点值的输出, 并用于渐近精确值.

这样, 在 $S = 5$ 嵌套网格上计算后, 对于 $t_m \in T_M$ 至 $m = 2$ 每个时刻, 精度的有效阶 $p_t{}^{eff}_{(S)}(t)$ 的逐点值收敛于 $p_t{}^{eff} \in (1.5, 2)$, 而对于大值 m, 逐点值趋近于 -1.3. 据推测, 这意味着爆破发生在时间 $T_{bl} \in (t_2, t_4] \equiv (0.1658, 0.3316]$, 而当 $m \geqslant 4$, 精度的有效阶趋近于 -1.3 的明显趋势让我们假设, 在点 T_{bl} 处, 解拥有极点型奇点: $u(x,t) \sim (T_{bl} - t)^{-1.3}$.

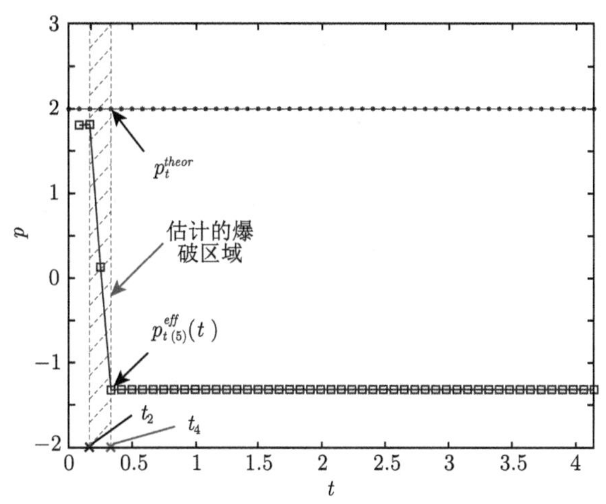

图 4.7 对于参数集 $N=49$, $M=50$, $r_x=2$, $r_t=2$, $S=5$, 输入数据组为 (4.2.6)的问题 (4.0.1)的精度有效阶 $p_{t}{}_{(S)}^{eff}(t_m)$, $1 \leqslant m \leqslant M$ 的计算结果

但是, 类似于 4.2.1 节中提出的问题, 为什么当 $t \in (t_0, T_{bl})$ 时 $p_{t}{}_{(S)}^{eff}(t)$ 收敛到除 $p_t^{theor}=2$ 以外的其他值, 即, 在所考虑的参数集的情况下, 收敛到小于理论值 $p_t^{theor}=2$?

为了回答这个问题, 我们将进行更多的研究, 类似于 4.2.1节中所做的工作. 因此, 让我们重新评估以下示例的 $T=0.16<T_{bl}$, 对于以下两组网格加密系数 (r_x, r_t): $(2,1)$ 和 $(1,2)$. 表 4.3 显示了应用公式 (4.2.3) 和 (4.2.4)的结果, 它们允许相应地仅根据变量 t 和 x 计算方案 $p_t{}^{eff}$ 和 $p_x{}^{eff}$ 精度的有效阶. 如所见, $p_{t}{}_{(s)}^{eff}$ 收敛到值 $p_t{}^{eff}=2$, 但是当 $s \to 7 p_{x}{}_{(s)}^{eff}$, 其收敛到 $p_x{}^{eff} \sim 1.5$ (在 s 的较大值时, 开始影响机器舍入误差, 导致错误计算 $p_{x}{}_{(s)}^{eff}$).

表 4.3 对于时间区间 $t \in [0, 0.16 < T_{bl}]$, 计算问题 (4.0.1) (其中参数集为 (4.2.6)) 中的 $p_{t}{}_{(s)}^{eff}$ 和 $p_{x}{}_{(s)}^{eff}$, 它带有初始网格 $X_{49} \times T_{50}$ 以及加密网格系数 $r_x=1$, $r_t=2$ (在计算 $p_{t}{}_{(s)}^{eff}$ 的情况下) 和 $r_x=2$, $r_t=1$ (在计算 $p_{x}{}_{(s)}^{eff}$ 的情况下)

s	$p_{t}{}_{(s)}^{eff}$
3	1.9907
4	1.9948
5	1.9972
6	1.9985
7	1.9992
8	1.9996

s	$p_{x}{}_{(s)}^{eff}$
3	1.5939
4	1.5369
5	1.5118
6	1.5024
7	1.4814
8	−0.8524

可见, Runge-Romberg 公式 (2.4.7) 的适用条件 (即一致性条件 $r_x^{p_x{}^{eff}} = r_t^{p_t{}^{eff}}$) 并不满足. 因此, 获得的时间估计和爆破解的性质是不可信的. 要定义

满足一致性条件 (2.4.4) 的对 (r_x, r_t), 使用公式 (4.2.5)并选择数值对 (r_x, r_t) 中最接近整数对的一对值. 但是, 重要的是要记住 ${p_x}_{(s)}^{eff}$ 的值估计有一定误差, 因此让我们对于 ${p_x}_{(s)}^{eff}$ 和不同的 s 进行计算. 相应计算的结果在表 4.4 中列出.

表 4.4 r_t 的值和其相对应的不同 ${p_x}^{eff}$ 下 r_x 的值

r_t	r_x		
	${p_x}^{eff} = 1.51$	${p_x}^{eff} = 1.50$	${p_x}^{eff} = 1.48$
2	2.5045	2.5198	2.5515
3	4.2850	4.3267	4.4132
4	6.2724	6.3496	6.5102
5	8.4292	8.5499	**8.8014**
6	**10.7316**	**10.9027**	**11.2604**
7	13.1624	13.3905	**13.8683**
8	15.7089	**16.0000**	16.6109
9	18.3610	18.7208	19.4768
10	**21.1107**	21.5443	22.4570
11	**23.9512**	24.4638	25.5439
12	26.8769	27.4731	28.7312

通过分析此表中显示的数据, 我们可以得出结论: 数值对 $(r_x, r_t) = (11, 6)$ 以及可能的 $(r_x, r_t) = (9, 5)$ 可以更准确地估计爆破解的时间和性质.

注释 从表 4.1 中可以得出, $r_x^{s-1} N = 2^{7-1} \cdot 49 \sim 3000$ 个间隔的变量 x 的最大可能网格在计算时尚未开始受机器舍入误差影响. 因此, 当 $r_x = 9$, 甚至当 $r_x = 11$ 时, 嵌套网格的最大数量将为 $S = 3$, 在嵌套网格上可以为 p^{eff} 获得可接受估算. 但是, 当使用如此少量的网格时, 我们不能确定 ${p_t}_{(S)}^{eff}(t)$ 的计算值已经收敛到其极限渐近精确值.

现在让我们使用输入数据 (4.2.6)重新计算考虑的示例, 为了获取成对的网格加密系数 $(r_x, r_t) = (9, 5)$ 和 $(r_x, r_t) = (11, 6)$. 在这种情况下, 我们将获得关于爆破解优化时间的结果, 并将计数时间设置为例如 $T = 0.5$. 图 4.8 显示了计算结果 (通过从文件 test_4_1.m $\rightarrowtail$ BlowUpDiagnostics_for_each_t.m 依次运行一组 MatLab 代码), 显示了精度的有效阶 ${p_t}_{(S)}^{eff}(t_m)$, $1 \leqslant m \leqslant M$ 的逐点值的输出精度, 以用于渐近精确值.

这样, 对于关于参数 (4.2.6)的集合的问题 (4.0.1) 的数值解, 我们可以得出以下改进的结论. 在 $S = 3$ 嵌套网格上计算后, 对于从 $t_m \in T_M$ 至 $m = 24$ 每个时刻, 精度的有效阶 $p_{t_{(S)}}^{eff}(t)$ 逐点值收敛于 $p_t=2$, 而对于大值 m 趋近于 -0.67. 这意味着, 爆破发生在 $T_{bl}\in(t_{24},t_{26}]\equiv(0.2400,0.2600]$ 时刻, 而当 $m\geqslant 26$, 精度的有效阶趋近于 -1.3 的明显趋势让我们假设, 在点 T_{bl} 处, 解拥有极点型奇点: $u(x,t)\sim(T_{bl}-t)^{-0.67}$.

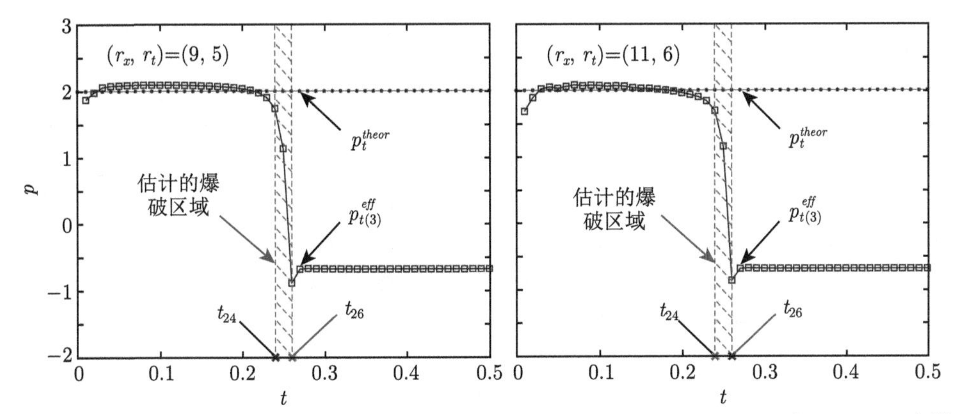

图 4.8 对于参数: $N=49$, $M=50$, $(r_x,r_t)=(9,5)$(左), $(r_x,r_t)=(11,6)$(右), $S=3$, 在输入数据 (4.2.6)和时间长度 $T=0.5$ 下问题 (4.0.1)的精度有效阶 $p_{t_{(S)}}^{eff}(t_m)$, $1\leqslant m\leqslant M$ 的计算结果

正如所见, 重新计算示例以提高方案精度的有效阶使我们能够再次明确爆破解的性质.

4.3 附录: 高阶导数的近似

在节点 x_n 处计算精度为 p 的函数 $f(x)$ 的 k-阶导数公式为

$$f^{(k)}(x_n)=\frac{1}{h^k}\sum_{\{s\}}a_sf(x_{n+s})+O(h^p). \tag{4.3.1}$$

系数组 a_s 在表 4.5—表 4.7中给出.

表 4.5 系数组 a_s 通过公式 (4.3.1) 来计算精度为 p 的 k-阶中心导数

k	p	s						
		-3	-2	-1	0	$+1$	$+2$	$+3$
1	2			$-\frac{1}{2}$	0	$\frac{1}{2}$		
	4		$\frac{1}{12}$	$-\frac{2}{3}$	0	$\frac{2}{3}$	$-\frac{1}{12}$	

续表

k	p	s						
		-3	-2	-1	0	$+1$	$+2$	$+3$
2	2			1	-2	1		
	4		$-\frac{1}{12}$	$\frac{4}{3}$	$-\frac{5}{2}$	$\frac{4}{3}$	$-\frac{1}{12}$	
3	2		$-\frac{1}{2}$	1	0	-1	$\frac{1}{2}$	
	4	$\frac{1}{8}$	-1	$\frac{13}{8}$	0	$-\frac{13}{8}$	1	$-\frac{1}{8}$
4	2		1	-4	6	-4	1	
	4	$-\frac{1}{6}$	2	$-\frac{13}{2}$	$\frac{28}{3}$	$-\frac{13}{2}$	2	$-\frac{1}{6}$

表 4.6 系数组 a_s 通过公式 (4.3.1) 来计算精度为 p 的 k-阶右导数

k	p	s					
		0	$+1$	$+2$	$+3$	$+4$	$+5$
1	1	-1	1				
	2	$-\frac{3}{2}$	2	$-\frac{1}{2}$			
2	1	1	-2	1			
	2	2	-5	4	-1		
3	1	-1	3	-3	1		
	2	$-\frac{5}{2}$	9	-12	7	$-\frac{3}{2}$	
4	1	1	-4	6	-4	1	
	2	3	-14	26	-24	11	-2

表 4.7 系数组 a_s 通过公式 (4.3.1) 来计算精度为 p 的 k-阶左导数

k	p	s					
		-5	-4	-3	-2	-1	0
1	1					-1	1
	2				$\frac{1}{2}$	-2	$\frac{3}{2}$
2	1				1	-2	1
	2			-1	4	-5	2
3	1			-1	3	-3	1
	2		$\frac{3}{2}$	-7	12	-9	$\frac{5}{2}$
4	1		1	-4	6	-4	1
	2	-2	11	-24	26	-14	3

第 5 章　定义在无界域的三维偏微分方程问题的爆破解诊断

在本章讨论的是关于在无界域的三维偏微分方程问题的爆破解数值诊断的特征. 例如, 考虑半轴上的 Joseph-Egri 方程的初边值问题[27]. 需要找到函数 $u(x,t)$, 该函数定义域为 $(x,t) \in [a,+\infty]$① $\times [t_0,T]$② 并满足方程组

$$
\begin{cases}
\dfrac{\partial u}{\partial t} + u_x + uu_x + \dfrac{\partial^2}{\partial t^2} u_x = 0, \quad x \in (a,+\infty], \quad t \in (t_0,T], \\
u(a,t) = 0, \quad t \in (t_0,T], \\
u(x,t_0) = u_{init_0}(x), \quad x \in [a,+\infty], \\
u_t(x,t_0) = u_{init_1}(x), \quad x \in [a,+\infty],
\end{cases}
\tag{5.0.1}
$$

同时与通过分析方法得到的先验估值 (如果存在) 相比, 分析爆破解 (如果存在) 的实例并阐明其在时间和空间上的限定范围.

同样, 本章的目标之一是总结已经研究的数值图解和相对应的程序, 用来解决在无界域和有界域中需要使用特殊非均匀网格的问题, 考虑到解决问题的特征需要这些网格.

5.1　寻找数值解

首先将原始边值问题 (5.0.1) 化为关于时间变化的一阶方程组:

$$
\begin{cases}
\dfrac{\partial u}{\partial t} = v, \quad x \in (a,+\infty], \quad t \in (t_0,T], \\
v + u_x + uu_x + \dfrac{\partial}{\partial t} v_x = 0, \quad x \in (a,+\infty], \quad t \in (t_0,T], \\
u(a,t) = 0, \quad v(a,t) = 0, \quad t \in (t_0,T], \\
u(x,t_0) = u_{init_0}(x), \quad x \in [a,+\infty], \\
v(x,t_0) = u_{init_1}(x), \quad x \in [a,+\infty].
\end{cases}
\tag{5.1.1}
$$

① 我们将 “无穷大” 作为闭区间的边界鉴于我们想在 “无穷大” 找到数值解.

② 我们提出到时间 T 前 (包括 T) 寻找数值解的问题, 尽管知道在这时刻可能不存在解, 甚至是更早. 这是因为我们想通过数值的方式来分析爆破解, 也就意味着, 我们必须要找到直到这个时刻的数值解.

对于数值解问题 (5.0.1), 与前面章节相同, 我们将使用直线法 (MOL)[19,22,23], 用常微分方程组近似逼近于偏微分方程.

为此, 首先引入仅在空间变量 x 中具有 N 个间隔的准均匀网格 X_N[17]: $X_N = \{x_{n,N},\ 0 \leqslant n \leqslant N\}$:

$$x_{n,N} \equiv x(\xi_{n,N}) = a + \frac{c\,\xi_{n,N}}{(1-\xi_{n,N})^m}, \quad \xi_{n,N} = \alpha + \frac{\beta-\alpha}{N}n, \tag{5.1.2}$$

其中 $\alpha = 0$, $\beta = 1$, c 和 m 是控制参数, 用于定义在点 $x = a$ 和 $x = +\infty$ 的邻域的准均匀网格 X_N 的稠密性. 关于变换 $x(\xi)$ 和控制参数的选择更详细的解释, 以及不同变换 $x(\xi)$ 的概述请参见 [17] 和附录 1 (5.3节).

注释　注意, 与前几章不同的是, 我们将在变量 x 的索引中明确标记, 该变量定义了具体网格的节点 $x_{n,N}$, 其值不仅取决于节点号 n, 还取决于网格的间隔总数 N. 使用这种表示将以更简单的方式把数值图解转换为程序代码.

以下是 MatLab 函数的示例, 该函数在变换 (5.1.2)的帮助下实现了计算网格节点 $x_{n,N}$ 的值, 该变换生成覆盖半轴 $[a, +\infty]$ 的准均匀网格的节点.

```
1  function x_nN = x(n,N)
2
3      % 函数生成准均匀网格,
4      % 覆盖半轴 (§ x ∈ [a, +∞] §)
5
6      % 输入参数:
7      % n - 节点号 (节点号: n = 0,...,N)
8      % N - 网格的间隔数
9
10     % 输出参数:
11     % x_nN - (§ x_{n,N} §) 的值
12
13     a = 0;
14     alpha = 0; beta = 1;
15     c = 4; m = 1;
16     xi_nN = alpha + (beta - alpha)/N*n;
17     x_nN = a + c*xi_nN/(1 - xi_nN)^m;
18
19 end
```

在准均匀网格上以一阶精度对空间导数进行有限差分近似逼近后, 获得微分代数方程组, 需要从该方程组确定 $N+1$ 个未知函数 $u_n \equiv u_n(t) \equiv u(x_{n,N}, t)$, $n = \overline{0,N}$ 和 $N+1$ 个辅助函数 $v_n \equiv v_n(t) \equiv v(x_{n,N}, t)$, $n = \overline{0,N}$:

$$
\begin{cases}
\dfrac{\mathrm{d}u_n}{\mathrm{d}t} = v_n, \quad n = \overline{1, N}, \quad t \in (t_0, T], \\
v_n + \dfrac{u_n - u_{n-1}}{2(x_{n-1/4,N} - x_{n-3/4,N})} + u_n \dfrac{u_n - u_{n-1}}{2(x_{n-1/4,N} - x_{n-3/4,N})} \\
\qquad + \dfrac{\mathrm{d}}{\mathrm{d}t} \dfrac{v_n - v_{n-1}}{2(x_{n-1/4,N} - x_{n-3/4,N})} = 0, \quad n = \overline{1, N}, \quad t \in (t_0, T], \\
u_0 = 0, \quad v_0 = 0, \quad t \in (t_0, T], \\
u_n(t_0) = u_{init_0}(x_n), \quad v_n(t_0) = u_{init_1}(x_n), \quad n = \overline{0, N}.
\end{cases}
$$

为了方便后续变换, 我们隔离每个方程式左边的微分部分, 并用以下形式重写该方程组:

$$
\begin{cases}
\dfrac{\mathrm{d}u_n}{\mathrm{d}t} = v_n, \quad n = \overline{1, N}, \quad t \in (t_0, T], \\
\dfrac{1}{2(x_{n-1/4,N} - x_{n-3/4,N})} \dfrac{\mathrm{d}v_n}{\mathrm{d}t} - \dfrac{1}{2(x_{n-1/4,N} - x_{n-3/4,N})} \dfrac{\mathrm{d}v_{n-1}}{\mathrm{d}t} \\
\qquad = -v_n - \dfrac{(u_n - u_{n-1})(1 + u_n)}{2(x_{n-1/4,N} - x_{n-3/4,N})}, \quad n = \overline{1, N}, \quad t \in (t_0, T], \\
u_0 = 0, \quad v_0 = 0, \quad t \in (t_0, T], \\
u_n(t_0) = u_{init_0}(x_n), \quad v_n(t_0) = u_{init_1}(x_n), \quad n = \overline{0, N}.
\end{cases}
$$

所得的方程组是微分代数方程组, 因为它既包含微分方程, 又包含代数方程 (由边界条件确定的两个方程). 通过将 u_0 和 v_0 ($u_0 = 0$, $v_0 = 0$) 代入到第二个微分方程 (对于 $n = 1$), 方程组可以化简为纯微分的形式:

$$
\begin{cases}
\dfrac{\mathrm{d}u_n}{\mathrm{d}t} = v_n, \quad n = \overline{1, N}, \quad t \in (t_0, T], \\
\dfrac{1}{2(x_{3/4,N} - x_{1/4,N})} \dfrac{\mathrm{d}v_1}{\mathrm{d}t} = -v_1 - \dfrac{u_1(1 + u_1)}{2(x_{3/4,N} - x_{1/4,N})}, \quad t \in (t_0, T], \\
\dfrac{1}{2(x_{n-1/4,N} - x_{n-3/4,N})} \dfrac{\mathrm{d}v_n}{\mathrm{d}t} - \dfrac{1}{2(x_{n-1/4,N} - x_{n-3/4,N})} \dfrac{\mathrm{d}v_{n-1}}{\mathrm{d}t} \\
\qquad = -v_n - \dfrac{(u_n - u_{n-1})(1 + u_n)}{2(x_{n-1/4,N} - x_{n-3/4,N})}, \quad n = \overline{2, N}, \quad t \in (t_0, T], \\
u_n(t_0) = u_{init_0}(x_n), \quad v_n(t_0) = u_{init_1}(x_n), \quad n = \overline{1, N}.
\end{cases}
$$

该系统包含 $2N$ 个方程和 $2N$ 个未知函数 u_n 和 v_n, $n = \overline{1, N}$, 其可以被重写

成向量的形式:

$$\begin{cases} \boldsymbol{D}\dfrac{\mathrm{d}\boldsymbol{y}}{\mathrm{d}t} = \boldsymbol{f}(\boldsymbol{y}), \quad t \in (t_0, T], \\ \boldsymbol{y}(t_0) = \boldsymbol{y}_{init}, \end{cases} \tag{5.1.3}$$

其中 $\boldsymbol{y} = \left(u_1\ u_2\ \cdots\ u_N\ v_1\ v_2\ \cdots\ v_N\right)^{\mathrm{T}}$, $\boldsymbol{f} = \left(f_1\ f_2\ \cdots\ f_{2N}\right)^{\mathrm{T}}$ 和 $\boldsymbol{y}_{init} = \left(u_1(t_0)\ u_2(t_0)\ \cdots\ u_N(t_0)\ v_1(t_0)\ v_2(t_0)\ \cdots\ v_N(t_0)\right)^{\mathrm{T}}$.

这里的向量函数 $\boldsymbol{f}$ 具有以下结构:

$$f_n = \begin{cases} y_{n+N}, & \text{当 } n = \overline{1, N}, \\ -y_{N+1} - \dfrac{y_1(1+y_1)}{2(x_{3/4,N} - x_{1/4,N})}, & \text{当 } n = N+1, \\ -y_n - \dfrac{(y_{n-N} - y_{n-N-1})(1 + y_{n-N})}{2(x_{n-N-1/4,N} - x_{n-N-3/4,N})}, & \text{当 } n = \overline{N+2, 2N}. \end{cases}$$

以下是 MatLab 函数的示例, 该函数实现向量函数 $\boldsymbol{f}$ 的分量计算.

```
1  function f = f(y,N)
2
3      % 函数计算常微分方程组有待解决的右侧的向量
4
5
6      % 输入的数据:
7      % y - 常微分方程组的向量解
8      % 在当前时间层
9      % N - 变量 x 的网格间隔数
10
11     % 输出数据:
12     % f - 所求的向量 f
13
14     f = zeros(2*N,1);
15
16     for n = 1:N
17         f(n) = y(n + N);
18     end
19     f(N + 1) = -y(N + 1) - y(1)*(1 + y(1))/...
20         (2*(x(3/4,N) - x(1/4,N)));
21     for n = (N + 2):(2*N)
22         f(n) = - y(n) - (y(n - N) - y(n - N - 1))*...
23             (1 + y(n - N))/...
24             (2*(x(n - N - 1/4,N) - x(n - N - 3/4,N)));
25     end
26
27 end
```

而矩阵 $\boldsymbol{D}$ 有以下非零元素:

$$D_{n,n-1} = -\frac{1}{2(x_{n-N-1/4,N} - x_{n-N-3/4,N})}, \quad 如果\ n = \overline{N+2, 2N},$$

$$D_{n,n} = \begin{cases} 1, & 如果\ n = \overline{1, N}, \\ \dfrac{1}{2(x_{n-N-1/4,N} - x_{n-N-3/4,N})}, & 如果\ n = \overline{N+1, 2N}. \end{cases}$$

现在在一般情况下, 在时间 t 引入 M 个间隔的准均匀网格 T_M: $T_M = \{t_{m,M},\ 0 \leqslant m \leqslant M:\ t_{0,M} < t_{1,M} < t_{2,M} < \cdots < t_{M-1,M} < t_{M,M} = T\}$.

以下是 MatLab 函数的示例, 该函数计算均匀网格节点 $t_{m,M}$ 的值.

```
1  function t_mM = t(m,M)
2
3      % 函数在一般情况下
4      % 生成变量为 t 的拟均匀网格
5
6      % 在当前情况下网格是均匀的
7      % 并覆盖区间 (§ t ∈ [t0, T] §)
8
9      % 输入参数:
10     % m - 节点号 (节点号: m = 0,...,M)
11     % M - 网格间隔数
12
13     % 输出参数:
14     % t_mM - (§ t_{m,M} §) 的值
15
16     t_0 = 0; T = 1;
17
18     alpha = 0; beta = 1;
19     xi_mM = alpha + (beta - alpha)/M*m;
20     t_mM = t_0 + xi_mM*(T - t_0);
21
22 end
```

注释　我们决定使用这种程序的均匀网格 T_M 表示形式, 类似于空间变量的网格 X_N 表示形式, 以便读者在必要时可以容易更改程序代码, 这对于考虑到特殊解的准均匀网格的具体题目也最为便利.

最后, 我们可以应用 Rosenbrock 方法 CROS1 来求解方程组 (5.1.3):

$$\boldsymbol{y}(t_{m+1}) = \boldsymbol{y}(t_m) + (t_{m+1} - t_m)\,\mathrm{Re}\,\boldsymbol{w}_1\,, \quad m = \overline{0, M-1},$$

其中 $\boldsymbol{w}_1$ 是下面线性代数方程组的解:

$$\left[\boldsymbol{D}-\frac{1+\mathrm{i}}{2}(t_{m+1}-t_m)\,\boldsymbol{f_y}\Big(\boldsymbol{y}(t_m)\Big)\right]\boldsymbol{w}_1=\boldsymbol{f}\,\Big(\boldsymbol{y}(t_m)\Big). \tag{5.1.4}$$

在这里, $\boldsymbol{f_y}$ 是矩阵, 包含元素 $(f_y)_{n,m}\equiv\dfrac{\partial f_n}{\partial y_m}$ (雅可比矩阵), 该矩阵在所讨论的方程组中具有以下非零的元素:

$$(f_y)_{n,n+N}=1,\quad \text{如果 } n=\overline{1,N},$$

$$(f_y)_{n,n}=-1,\quad \text{如果 } n=\overline{N+1,2N},$$

$$(f_y)_{n,n-N}=\begin{cases}-\dfrac{1+2y_1}{2(x_{3/4,N}-x_{1/4,N})}, & \text{如果 } n=N+1,\\[2ex] -\dfrac{1+2y_{n-N}-y_{n-N-1}}{2(x_{n-N-1/4,N}-x_{n-N-3/4,N})}, & \text{如果 } n=\overline{N+2,2N},\end{cases}$$

$$(f_y)_{n,n-N-1}=-\frac{-1-y_{n-N}}{2(x_{n-N-1/4,N}-x_{n-N-3/4,N})},\quad \text{如果 } n=\overline{N+2,2N}.$$

注意到, 线性代数方程组矩阵 (5.1.4)

$$\left[\boldsymbol{D}-\frac{1+\mathrm{i}}{2}(t_{m+1}-t_m)\,\boldsymbol{f_y}\Big(\boldsymbol{y}(t_m)\Big)\right] \tag{5.1.5}$$

具有专门特殊的形式, 其内部结构如图 5.1 (非零元素仅位于标记的对角线和次

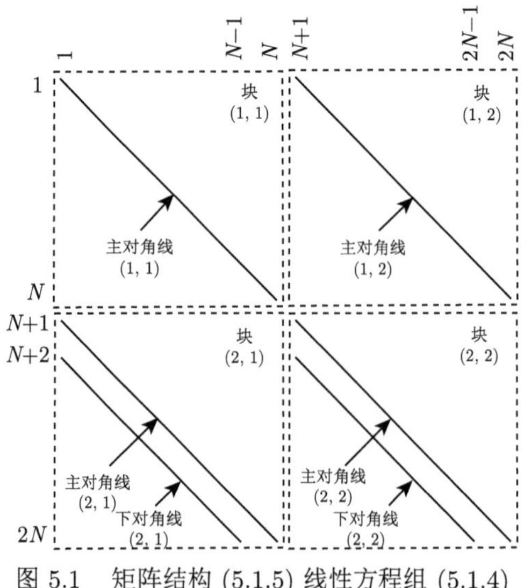

图 5.1　矩阵结构 (5.1.5) 线性方程组 (5.1.4)

对角线上). 这与 3.2.1 节类似, 允许在 $O(N^1)$ 运算中实现这种特殊形式求解线性代数方程组的求解算法, 这是一种比高斯法解特殊形式矩阵的线性代数方程组更加经济的实现方式, 无论是从执行的时间 (复杂度为 $O(N^1)$), 还是从算法操作所需要的内存 (在非常密集的网格上进行进一步的计算至关重要) 来看.

以下是 MatLab 函数的示例, 该函数处理矩阵 (5.1.5)对角线的元素.

```
1  function [diag_11_m,diag_12_m,diag_21_m,diag_21_d,...
2               diag_22_m,diag_22_d] = ...
3               DiagonalsPreparation(y,tau,N)
4
5      % 函数准备数组,
6      % 数组包含对角元素
7      % 常微分方程组解的矩阵块元素
8
9      % 矩阵的形式是
10     % [D - (1+1i)/2*tau*f_y(y)] 并
11     % 由四个维度为 N×N 的正方块组成
12     % 正方块 (1,1) 和 (1,2) - 对角矩阵
13     % 正方块 (2,1) 和 (2,2) - 双对角矩阵
14     % 次下对角线
15
16     % 输入数据:
17     % y - 常微分方程组的向量解
18     % 在当前时刻
19     % tau - 当前时刻的步骤
20     % N - 变量 x 的网格间隔数
21
22     % 输出参数:
23     % diag_11_m,diag_12_m,diag_21_m,diag_21_d,
24     % diag_22_m,diag_22_d - 所求的数组
25
26     % 为所求的数组分配内存
27     diag_11_m = zeros(1,N); diag_12_m = zeros(1,N);
28     diag_21_m = zeros(1,N); diag_21_d = zeros(1,N);
29     diag_22_m = zeros(1,N); diag_22_d = zeros(1,N);
30
31     for n = 1:N
32         diag_11_m(n) =  1;
33     end
34
35     for n = 1:N
36         diag_12_m(n) = - (1+1i)/2*tau*(1);
37     end
38
39     diag_21_m(1) = - (1+1i)/2*tau*(-(1 + 2*y(1))/...
40         (2*(x(3/4,N) - x(1/4,N))));
```

```
41      for n = (N + 2):(2*N)
42          diag_21_m(n - N) =  - (1+1i)/2*tau*(...
43              -(1 + 2*y(n - N) - y(n - N - 1))/...
44              (2*(x(n - N - 1/4,N) - x(n - N - 3/4,N))));
45      end
46
47      for n = (N + 2):(2*N)
48          diag_21_d(n - N) =  - (1+1i)/2*tau*(...
49              -(-1 - y(n - N))/(2*(x(n - N - 1/4,N) - ...
50              x(n - N - 3/4,N))));
51      end
52
53      for n = (N + 1):(2*N)
54          diag_22_m(n - N) = 1/(2*(x(n - N - 1/4,N) - ...
55              x(n - N - 3/4,N))) - (1+1i)/2*tau*(-1);
56      end
57
58      for n = (N + 2):(2*N)
59          diag_22_d(n - N) = -1/(2*(x(n - N - 1/4,N) - ...
60              x(n - N - 3/4,N)));
61      end
62
63  end
```

注释　在图 5.1 可以看到, 对角线的长度不同. 但是为方便算法的程序实现, 我们把它们的值存储在相同长度 N 的数组中. 在这种情况下将次对角线的元素从数组的第二个元素开始录入.

以下是 MatLab 函数的示例, 该函数是实现解特殊形式矩阵 (图 5.1) 的线性代数方程组 (5.1.4) 的一种算法, 仅使用 6 个长度为 N 的包含矩阵 (5.1.5) 的非零元素的一维数组.

```
1   function X = SpecialMatrixAlgorithm...
2       (diag_11_m,diag_12_m,diag_21_m,diag_21_d,...
3       diag_22_m,diag_22_d,B)
4
5       % 函数解线性代数方程组 AX = B
6       % 特殊形式矩阵 A
7       % 由四个维度为 N×N 的正方块组成
8       % 正方块 (1,1) 和 (1,2) - 对角矩阵
9       % 正方块 (2,1) 和 (2,2) - 双对角矩阵
10      % 次下对角线
11
12      % 输入参数:
13      % diag_11_m,diag_12_m,diag_21_m,diag_21_d,
14      % diag_22_m,diag_22_d - 长度为 N 的数组,
```

```
15      % 该数组包含矩阵 A 的非零元素,
16      % 这些元素位于对角线上 (不使用数组元素
17      % diag_21_d(1) 和 diag_22_d(1))
18      % B - 长度为 2N 的右边的向量
19
20      N = length(B)/2;
21      X = zeros(2*N,1);
22
23      % 将正方块 (2,1) 的对角线归零
24      % 这重新定义了
25      % 块 (2,2) 的对角线元素和向量 B 的后 N 个元素
26      for n = 1:N
27          c = diag_21_m(n)/diag_11_m(n);
28          diag_22_m(n) = diag_22_m(n) - c*diag_12_m(n);
29          B(n + N) = B(n + N) - c*B(n);
30      end
31
32      % 将正方块 (2,1) 的次对角线归零
33      % 这重新定义了
34      % 块 (2,2) 的次对角线元素和向量 B 的后 N-1 个元素
35      for n = 1:(N - 1)
36          c = diag_21_d(n + 1)/diag_11_m(n);
37          diag_22_d(n+1) = diag_22_d(n+1) - c*diag_12_m(n);
38          B(n + N + 1) = B(n + N + 1) - c*B(n);
39      end
40
41      % 将正方块 (2,2) 的次对角线归零
42      % 这重新定义了向量 B 的后 N-1 个元素
43      for n = 1:(N - 1)
44          c = diag_22_d(n + 1)/diag_22_m(n);
45          B(n + N + 1) = B(n + N + 1) - c*B(n + N);
46      end
47
48      % 将正方块 (1,2) 的对角线归零
49      % 这重新定义了向量 B 的前 N 个元素
50      for n = N:-1:1
51          c = diag_12_m(n)/diag_22_m(n);
52          B(n) = B(n) - c*B(n + N);
53      end
54
55      % 计算出 X
56      for n = 1:N
57          X(n,1) = B(n)/diag_11_m(n);
58          X(n + N,1) = B(n + N)/diag_22_m(n);
59      end
60
61  end
```

以下是 MatLab 函数示例, 该函数使用上述函数 f, x, t, DiagonalsPreparation 和 SpecialMatrixAlgorithm, 根据图解 (5.1.4), 以变形式 (5.1.3) 实现对问题 (5.0.1) 的数值解的寻找.

```
1  function u = PDESolving(N_0,M_0,...
2      u_init_0,u_init_1,s,r_x,r_t)
3
4      % 函数找到近似数值解
5      % 偏微分方程的数值解 (PDE)
6
7      % 输入参数:
8      % N_0 - 空间基础网格间隔数量
9      % M_0 - 时间基础网格间隔数量
10     % u_init_0 和 u_init_1 - 函数,
11     % 初始条件定义的函数
12     % s - 求解的网格号
13     % (如果 s = 1, 可以在基础网格找到解)
14     % r_x 和 r_t - 变量 x, t 网格的密集系数
15
16     % 输出参数:
17     % u - 包含偏微分方程网格值解的数组
18     % 仅在与基础网格节点重合的节点上
19
20     % 压缩 (网格变密)
21     % 在空间变量 x (§r_x^{s-1}§) 倍和
22     % 在时间变量 t (§r_t^{s-1}§) 倍
23     % s 号网格
24
25     N = N_0 * r_x^(s - 1);      % 计算间隔数
26     M = M_0 * r_t^(s - 1);      % s 号网格上的间隔数
27
28     % 为数组 u 分配内存
29     % 在数组的 (m + 1) 行存储
30     % 网格值解, 相对应于
31     % 基础网格的 (§ t_m §) 时刻
32     u = zeros(M_0 + 1,N_0 + 1);
33
34     % 为网格值解数组分配内存
35     % 常微分方程组的解, 相对应于
36     % 当前 (§ t_m §) 时刻
37     y = zeros(1,2*N);
38
39     % 设置解常微分方程组的初始条件
40     for n = 1:N
41         y(1,n) = u_init_0(x(n,N));
42         y(1,N + n) = u_init_1(x(n,N));
43     end
```

```
44      % 考虑 MatLab 函数计算特点
45      % 函数 (§ u_{init_0}(x) §), 不正确地
46      % 计算当 (§ x = \infty §)
47      % 所以定义 y(1,2*N)
48      y(1,2*N) = 0;
49      % 在另一个函数 (§ u_{init_0}(x) §)
50      % 这个命令可能需要改变
51
52      % 从数组 u_init_0 的第一行,
53      % 对应初始条件,
54      % 从节点中选择网格值, 以及
55      % 与空间变量的基础网格值节点重合的节点
56      for n = 1:(N_0 + 1)
57          u(1,n) = u_init_0(x((n - 1)*r_x^(s - 1) + 1,N));
58      end
59
60      % 引入索引,
61      % 该索引负责编号为 s 的网格上的临时层
62      % 该索引与基础网格相应的临时层重合.
63      % 在指定的时刻
64      % 将观察比较在密集网格的 (§ t_m §)
65      % 和基础网格的 (§ t_{m_{basic}} §)
66      m_basic = 2;
67
68      for m = 0:(M - 1)
69
70          % 实现图解 CROS1
71
72          % 准备数组, 数组包含
73          % 块状矩阵的对角线元素
74          % [D - (1+1i)/2*tau*f_y(y)],
75          [diag_11_m,diag_12_m,diag_21_m,diag_21_d,...
76              diag_22_m,diag_22_d] = ...
77              DiagonalsPreparation(y,t(m +1,M) - t(m,M),N);
78
79          % 使用简并高斯法搜索 w_1
80          w_1 = SpecialMatrixAlgorithm...
81              (diag_11_m,diag_12_m,diag_21_m,diag_21_d,...
82              diag_22_m,diag_22_d,f(y,N));
83
84          y = y + (t(m + 1,M) - t(m,M))*real(w_1)';
85
86          % 检验密集网格的 (§ t_{m+1} §)
87          % 和基础网格的 (§ t_{m_{basic}} §) 的重合性
88          if (m + 1) == (m_basic - 1)*r_t^(s - 1)
89
90              % 填充网格值解数组
91              % 偏微分方程原始问题的解
```

```
92
93                  % 考虑左边界条件
94                  u(m_basic,1) = 0;
95
96                  % 在当前时间层
97                  % 选择空间节点, 重合于
98                  % 基础网格的节点
99                  % (除了已经考虑的边界条件)
100                 for n = 2:(N_0 + 1)
101                     u(m_basic,n) = y((n - 1)*r_x^(s - 1));
102                 end
103
104                 % 现在检验密集网格的 (§ t_{m+1} §)
105                 % 和当前基础网格的 (§ t_{m_{basic}} §)
106                 % 的重合性
107                 m_basic = m_basic + 1;
108
109             end
110
111         end
112
113     end
```

注释 注意 PDESolving 函数的一些特征.

1. 该函数已经实现了在密集网格上寻找近似数值解的可能, 包括仅从与基础网格节点重合的节点中选择网格值. 在实现爆破解的数值分析时需要这个特征, 该特征将在后文进行介绍. 现在我们仅在一个 (基础) 网格用这个函数求解. 这种情况和输入参数值 $s := 1$ 对应, 所以参数值 r_x 和 r_t 不存在且在指定时刻不影响其他值.
2. 为了节省内存 (这对于很大数值 s 至关重要) 在当前计算的时刻仅将向量 $\boldsymbol{y}(t_m)$ 的网格值集存储在内存里.
3. 和前面章节的类似函数不同, 网格 x 和 t 节点的值的索引没有变化.

例如, 可以使用以下命令集启用 PDESolving 函数, 这些命令单独放在 MatLab 文件 test_5_1_PDESolving.m 中.

```
1  % 定义基础网格间隔数
2  N = 50; M = 50;
3
4  % 定义初始条件
5  u_init_0 = @(x) 0;
6  u_init_1 = @(x) -694.936*exp(-x)*sin(x);
7
8  s = 1;    % 网格编号 (仅基础)
```

```
 9 r_x = 4; % 变量 x 的网格密集系数
10 r_t = 2; % 变量 t 的网格密集系数
11
12 u = PDESolving(N,M,u_init_0,u_init_1,s,r_x,r_t);
13
14 % 解的绘制
15 figure;
16
17 % 定义变量 x 的基础网格
18 % (对于解的绘制是必要的)
19 x_0 = zeros(1,N + 1);
20 for n = 0:N
21     x_0(n + 1) = x(n,N);
22 end
23
24 for m = 0:M
25     % 绘制初始条件图
26     plot(x_0,u(1,:),'--k','LineWidth',1); hold on;
27     % 绘制在 (§ t_m §) 时刻的解
28     plot(x_0,u(m + 1,:),'-ok',...
29         'MarkerSize',3,'LineWidth',1); hold on;
30     axis([0 10 -2000 500]); xlabel('x'); ylabel('u');
31     hold off; drawnow; pause(0.1);
32 end
```

所给的命令集将为问题 (5.0.1) 的以下参数集提供解答:

$$
\begin{aligned}
&a = 0, \quad t_0 = 0, \quad T = 1, \\
&u_{init_0}(x) = 0, \quad u_{init_1}(x) = -r_1 \mathrm{e}^{-x} \sin x, \qquad (5.1.6)\\
&r_1 = 694.936,
\end{aligned}
$$

具有空间和时间的网格参数:

$$
N = 50, \quad M = 50. \qquad (5.1.7)
$$

在图 5.2 中对于时间 t_m 分别引用几组函数 $u(x, t_m)$ 的网格值.

注意, r_1 的值的选择是为了让时间的上限在 $T_{bl} \leqslant T = 1$ (在实践中给出了参数 r_1 的选择理由[27]).

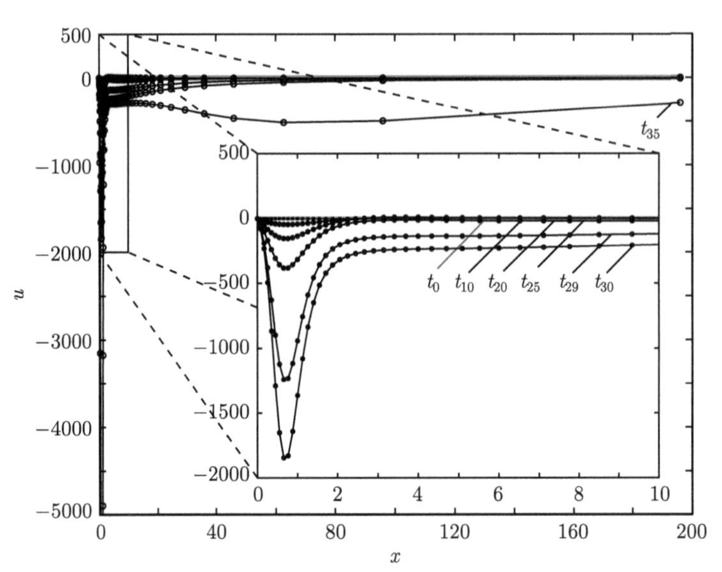

图 5.2　问题 (5.0.1) 在参数集 (5.1.6)-(5.1.7) 下用算法 (5.1.4) 实现的数值例子. 图上反映函数 $u(x, t_m)$ 在不同时间点 t_m 的几组网格值. 显然, 空间变量 x 的网格在 $x=0$ 附近是被加密的. 原图中仅呈现 50 个中的前 49 个节点的网格值 ($x_{50}=+\infty$ 没有标记), 在放大的子图中, 我们只呈现了前 36 个节点的网格值.

5.2　爆破解的数值诊断

从整体上爆破解实例诊断的实践算法重复了 2.4 节的算法. 这里仅讨论基本差异和一些应用细节.

由于我们逼近 (5.1.1) 的所有空间导数精确度为 $O(N^{-1})$, 而在对方程组 (5.1.3) 进行数值积分时, 使用方法 CROS1 (5.1.4), 精确度为 $O(\tau^2)$, 所构造的解方程组 (5.0.1) 的方法的精确值为 $O(\tau^2 + N^{-1})$, 即: $p_x = {p_x}^{theor} \equiv 1$ 和 $p_t = {p_t}^{theor} \equiv 2$. 因此从匹配条件 (2.4.4) 可以得出满足 Runge-Romberg 公式 (2.4.7) 的条件的不同变量的密度系数 r_x 和 r_t 应当满足关系 $r_x^1 = r_t^2$. 对于计算最好选择 $r_x = 4$ 和 $r_t = 2$.

以下是一组 MatLab 命令的示例, 这些命令设置在单独文件 test_5_1.m 中, 通过多次运用 5.1 节的 PDESolving MatLab 函数可以得到问题 (5.0.1) 的网格解集 $u_{(s)}(x,t) \equiv u^{(r_x^{s-1}N, r_t^{s-1}M)}(x,t)$, $s = \overline{1, S}$, 该题在从基础网格 $X_N \times T_M$ 开始的不同网格上具有参数 (5.1.6).

```
1  % 定义基础网格的间隔数
2  N = 50; M = 50;
3
```

```
4  % 定义初始条件
5  u_init_0 = @(x) 0;
6  u_init_1 = @(x) -694.936*sin(x)*exp(-x);
7
8  S = 7;    % 网格数, 在网格上寻找
9            % 近似解
10 r_x = 4; % 变量 x 的网格密度系数
11 r_t = 2; % 变量 t 的网格密度系数
12
13 % 为网格值数组分配内存
14 % 在不同网格 (§ s = 1,S §) 的常微分方程的解的网格值
15 % 第一个索引 - 密集网格序列中的网格 s 的编号
16 % 在这些密集网格中搜寻解
17 % 第二个和第三个索引定义了数组,
18 % 在该数组的 (m + 1) 行储存
19 % 网格解值, 对应于
20 % 节点中的 (§ t_m §) 时刻,
21 % 这些节点与基础网格的节点重合
22 array_of_u = zeros(S,M + 1,N + 1);
23
24 % "大循环" 在密集网格数列中
25 % 计算解 S 次
26 % 网格解值数组只包含
27 % 节点的网格值,
28 % 这些节点和基础网格的节点重合
29 for s = 1:S
30     u = PDESolving(N,M,u_init_0,u_init_1,s,r_x,r_t);
31     array_of_u(s,:,:) = u;
32 end
33
34 % 将接下来的爆破解诊断 Workspace 的必要数据
35 % 保存到文件中
36 save('data.mat','array_of_u','N','M',...
37     'r_x','r_t','S');
```

和之前一样, 文件 data.mat 是 MatLab 代码 test_5_1.m 的结果, data.mat 的内容将由 2.4 节的函数 BlowUpDiagnostics.m, BlowUpDiagnostics_for_each_t.m 和 BlowUpDiagnostics_for_specified_t.m 加载, 诊断爆破解的实际情况, 不需要在密集网格的序列多次求解.

MatLab 文件 BlowUpDiagnostics.m 计算时间 $t \in [t_0, T]$ 的近似解的精度的有效阶数 $p_{t_{(s)}}^{eff}$, $s = \overline{1, S}$, 没有任何改变.

MatLab 文件 BlowUpDiagnostics_for_specified_t.m 使用已经生成的文件 data.mat 的数据来实现与基础网格 T_M (2.4.13) 节点 t_m 重合的节点的近似解的精度的有效阶数 $p_{t_{(s)}}^{eff}(t_m)$, $s = \overline{1, S}$ 的计算, 它将包含仅仅与变量 t 基础网格的另一

个定义相关的变化以便于正确绘图. 在这个文件需要更改命令, 从命令 figure 开始.

```
1  figure;
2  % 定义变量 t 的基础网格
3  % (绘图的必要条件)
4  t_0 = zeros(1,M + 1);
5  for m = 0:M
6      t_0(m + 1) = t(m,M);
7  end
8  % 绘制精度理论阶数
9  % 与基础网格的时间节点的关系
10 plot(t_0,t_0*0 + 2,'-*k','MarkerSize',3); hold on;
11 % 绘制精度有效阶数
12 % 与基础网格的时间节点的关系
13 plot(t_0(2:M+1),p_eff_ForEveryTime(S,2:M + 1),...
14     '-sk','MarkerSize',5,'LineWidth',1);
15 axis([t_0(1) t_0(M + 1) -3.0 3.0]);
16 xlabel('t'); ylabel('p^{eff}');
```

再次注意, 在基础网格 X_N 的节点 t_0 没有计算精度的有效阶数 $p_{t_{(s)}}^{eff}(t_0)$, 因为在任何网格的该节点上解都是由初始条件给出. 由于精度的有效阶数确定了在精确解的泰勒级数展开的项数, 数值方案可以准确表达这些项, 可以设 $p_{t_{(s)}}^{eff}(t_0) = +\infty$.

图 5.3 显示了计算结果 (通过文件 test_5_1.m ↣ BlowUpDiagnostics_for_each_t.m 依次运行一组 MatLab 命令), 展示精度的有效阶数 $p_{t_{(s)}}^{eff}(t_m)$, $0 \leqslant m \leqslant M$ 逐点值的显式输出趋近于精确值. 因此, 对于参数 (5.1.6)–(5.1.7) 的问题

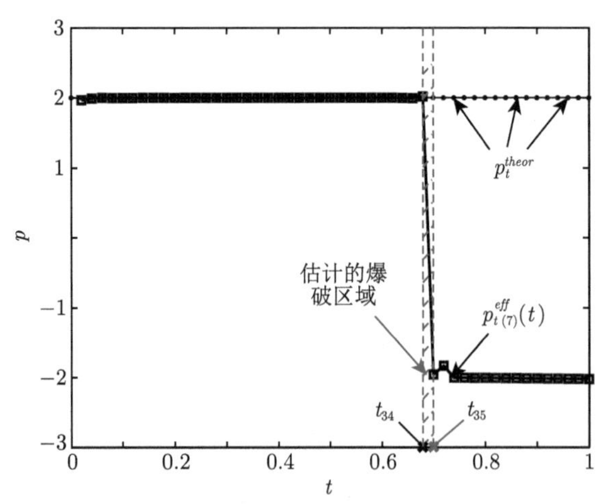

图 5.3　对于参数 (5.1.6)–(5.1.7) 的问题 (5.0.1)的具有参数的: $N = 50$, $M = 50$, $r_x = 4$, $r_t = 2$, $S = 7$ 的精度有效阶数 $p_{t_{(S)}}^{eff}(t_m)$, $0 \leqslant m \leqslant M$ 的计算结果

(5.0.1) 的数值解, 我们可以得出以下结论. 在 $S = 7$ 的嵌套网格计算后, 对于每个时刻 $t_m \in T_M$ 直到 $m = 34$ 精度的有效阶数 $p_{t(s)}^{eff}(t)$ 的逐点值都收敛到 $p_t^{theor} \equiv 2$, 而对于大值 m, 收敛于 -2. 这意味着, 爆破发生在 $T_{bl} \in (t_{34}, t_{35}] \equiv (0.680, 0.700]$, 而精度的有效阶数在 $m \geqslant 35$ 明显趋向于 -2 表示, 在点 T_{bl} 处解具有极点类型的特征 $u(x,t) \sim (T_{bl} - t)^{-2}$.

MatLab 文件 BlowUpDiagnostics_for_specified_t.m 计算精度的有效阶数 $p_{xt(s)}^{eff}(x_n, t_m)$, $s = \overline{1, S}$, 在节点的近似值, 空间变量 X_N 与基础网格节点 x_n 重合的节点, 在具体时刻 $t_m \in T_M$(2.4.14), 使用文件 data.mat 的数据, 为了制止空间变量 x 的爆破, 它将包含仅与基础网格 x 的另一个定义相关的变化, 以便正确绘图. 需要更改命令, 从命令 figure 开始.

```
1  figure;
2  % 定义变量 x 的基础网格
3  % (绘图的必要条件)
4  x_0 = zeros(1,N + 1);
5  for n = 0:N
6      x_0(n + 1) = x(n,N);
7  end
8
9  % 绘制了精度理论阶数与
10 % 基础网格的空间节点的关系
11 plot(x_0,x_0*0 + 2,'-*k','MarkerSize',3); hold on;
12 % 绘制了精度有效阶数与
13 % 基础网格的空间节点的关系
14 plot(x_0(2:N+1),p_eff_ForSpecifiedTime(S,2:N + 1),...
15     '-sk','MarkerSize',5,'LineWidth',1);
16 axis([0 200 -3.0 3.0]);
17 xlabel('x'); ylabel('p^{eff}');
```

再次注意, 在基础网格 X_N 的节点 x_0 上, 没有计算出精度的有效阶数 $p_{xt(s)}^{eff}(x_0, t_m)$, 因为在任何网格的此节点上解由它的边界条件决定. 因此, 在该点上可以设精度的有效阶数等于 $+\infty$.

图 5.4 显示了计算结果 (通过文件 test_5_1.m ↣ BlowUpDiagnostics_for_specidied_t.m 依次运行一组 MatLab 命令) 在爆破解的不同时刻之前和之后 (或者可能在那个时刻). 显然可见, 爆破同时发生在半轴 $[0, +\infty)$ 的所有点上.

综上我们可以得出结论: 我们可以相信在第 7 个嵌套网格获得的图 5.5 的数值解的哪个部分, 不能相信哪个部分.

注意图 5.2 和图 5.5 所绘制的解之间的差异, 这和同一输入参数呈现不同 s 的计算结果有关 (在图 5.2 的 $s = 1$ 和在图 5.5 的 $s = 7$).

通过 MatLab 文件 draw.m 的以下命令得到第 7 个网格 ($s = 7$) 的解.

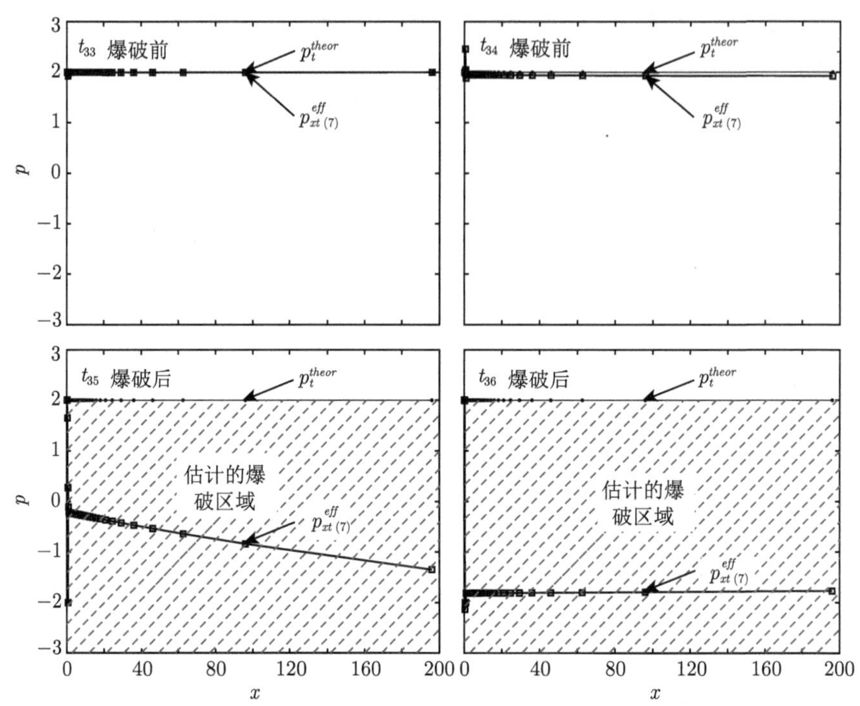

图 5.4　对于参数 (5.1.6)–(5.1.7), 问题 (5.0.1) 的具有参数: $N = 50$, $M = 50$, $r_x = 4$, $r_t = 2$, $S = 7$ 的精度有效阶数 $p_{xt}{}^{eff}_{(S)}(x, t_m)$ 的计算结果. 图中给出了 $m = \{33, 34, 35, 36\}$ 的图像

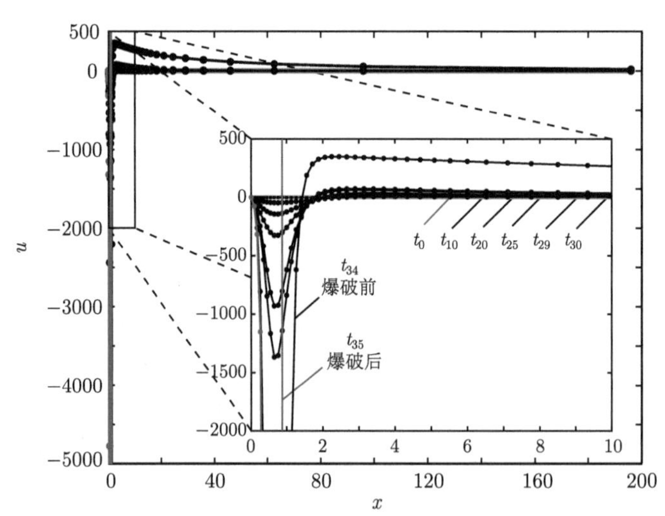

图 5.5　对于参数 (5.1.6)–(5.1.7), 问题 (5.0.1) 的具有参数: $N = 50$, $M = 50$, $r_x = 4$, $r_t = 2$, $s = 7$ 的 $u_{(s)}(x, t) \equiv u^{(r_x^{s-1}N, r_t^{s-1}M)}(x, t)$ 解的计算结果. 仅标记与基础网格节点重合的节点

```
1  % 近似解计算结果输入
2  % 在 r 倍密集网格的序列上
3  load('data.mat');
4
5  % 从不同网格的解的数组中
6  % 在第 7 个网格选择网格值
7  s = 7;
8
9  u(:,:) = array_of_u(s,:,:);
10
11 % 绘制解
12 figure;
13 % 定义 x 变量的基础网格
14 for n = 0:N
15     x_0(n + 1) = x(n,N);
16 end
17 for m = 0:M
18     % 绘制初始条件图
19     plot(x_0,u(1,:),'--k','LineWidth',1); hold on;
20     % 绘制在 (§ t_m §) 时刻的解
21     plot(x_0,u(m + 1,:),'-ok',...
22         'MarkerSize',3,'LineWidth',1); hold on;
23     axis([0 10 -2000 500]); xlabel('x'); ylabel('u');
24     hold off; drawnow; pause(0.1);
25 end
```

5.3 附录 1: 生成准均匀网格的变换

本节讨论不同的可以生成准均匀网格的变换 $x(\xi)$, 并给出了在相应公式中对控制变量的选择的建议. 首先考虑生成仅覆盖一个区间的准均匀网格的变换. 这对于更精确地在以时间 t 为变量的区间 $[t_0, T]$ 内引入准均匀网格计算某些时间点附近的区间内会快速变化 (不仅是在力矩断裂的时刻附近的区间) 的解有所帮助. 接着我们考虑覆盖直线或者半直线的生成准均匀网格的变换.

大多数生成准均匀网格的变换的示例均来自文献 [17].

例 1 假设所考虑的函数 $u(x)$ 在区间 $[a,b]$ 的边界之一附近快速变化, 但在远离它的位置处缓慢变化. 则需要在相应的边界附近构造一个密度为 X_N 的网格, 但在另一个边界处, 网格可能非常稀疏. 例如, 可以取这样的生成变换:

$$x(\xi) = a + (b-a)\frac{e^{c\xi}-1}{e^c-1}, \quad 0 \leqslant \xi \leqslant 1, \tag{5.3.1}$$

$$x'(\xi) = c(b-a)\frac{e^{c\xi}}{e^c-1}.$$

如果需要在左边界附近密集、在右边界附近稀疏的网格, 则需要取 $c > 0$ (图 5.6(a)). 如果需要在右边界附近密集、在左边界附近稀疏的网格, 则需要取 $c < 0$ (图 5.6(b)).

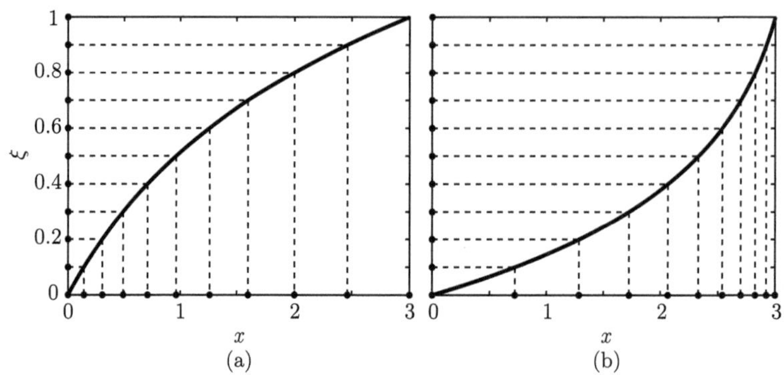

图 5.6 在区间 [0, 3] 上使用变换构造的准均匀网格 (例 1) (5.3.1). (a) 对应的控制参数的值为 $c = 1.5 > 0$(在左边界密集), (b) $c = -2.5 < 0$(在右边界密集)

在以下设想中选择控制参数 c. 如果我们设 $\xi^\star$ 为所有集中在区间 $[a, a_1]$ 左边界附近的区间的比例, 则对应的 c 的值由等式定义:

$$x(\xi^\star) = a_1.$$

例如, 如果我们希望所有网格区间的 2/3 集中在最靠近右边界的 1/4 区间上, 则可以从等式 $x(1 - 2/3) = a + (b - a) * (1 - 1/4)$ 中找到对应的 c 的值, 得出 $c =\sim -4$.

例 2 构造另一个生成准均匀网格 X_N 的变换, 该网格在左边界附近的区间很小, 而在右边界附近的区间很大:

$$x(\xi) = a + (b - a)\frac{(c - 1)^m \xi}{(c - \xi)^m}, \quad 0 \leqslant \xi \leqslant 1, \tag{5.3.2}$$

$$x'(\xi) = (b - a)(c - 1)^m \frac{c + (m - 1)\xi}{(c - \xi)^{m+1}}.$$

最好在 (5.3.2) 中设置 $m = 1$, 仅保留一个控制参数 c. c 越接近 1, 初始区间越小. 变换 (5.3.2) 生成了一个与例 1 中的网格在定性上相似的准均匀网格, 这表明可以使用完全不同形式的变换来构造定性相似的准均匀网格.

例 3 通常需要解决在具有交替的厚层和薄层的分层介质中进行的问题 (例如, 声音从薄玻璃到有相当大间隔的窗户边框的传播). 为了使方程式的差分近似正确, 网格必须是准均匀的, 并且是特殊的 (即层的边界必须是网格节点), 并且薄层中的区间数不小. 但是为了提高效率, 在厚层中不必要设置太多的区间——大约与薄层中的区间数相同. 举一个这样的网格的例子.

为简单起见, 我们选择三层对称配置, 其总厚度为 $2b$, 其中包含两个边界层 (其厚度为 $a \ll b$) 和一个较厚的中间层. 这些层的边界是点 $x = \{-b; -b+a; b-a; b\}$. 考虑如下变换:

$$x(\xi) = \frac{c\xi}{(1+d\xi^2)^{1/2}}, \quad -1 \leqslant \xi \leqslant 1, \tag{5.3.3}$$

$$x'(\xi) = \frac{c}{(1+d\xi^2)^{3/2}}.$$

选择控制参数 c 和 d 的条件之一: $x(1) = b$. 作为第二个条件, 取 $x(\xi^\star) = b - a$, 其中 $\xi^\star$ $(0 < \xi^\star < 1)$ 是所有位于中央厚层的网格区间的比例. 在这种情况下, $(1-\xi^\star)/2$ 是位于每个薄层中的网格区间的比例. 这两个条件为控制参数给出以下值:

$$d = \frac{(b-a)^2 - b^2\xi^{\star 2}}{a(2b-a)\xi^{\star 2}}, \quad c = \frac{b(b-a)}{\xi^\star}\left[\frac{1-\xi^{\star 2}}{a(2b-a)}\right]^{1/2}.$$

如果我们希望网格节点始终落在介质之间的界面上, 则必须选择 $\xi^\star$ 和间隔数 N, 满足 $N(1-\xi^\star)/2$ 是整数. 图 5.7 中展示了这种网格的示例.

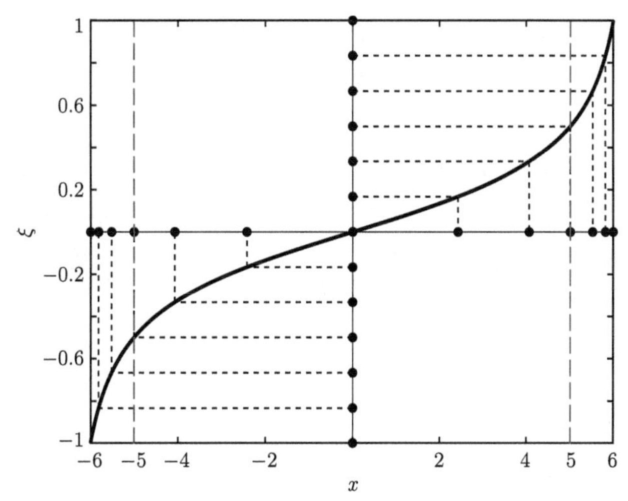

图 5.7 在区间 $[-6,6]$ 上使用变换 (5.3.3)构造准均匀网格 (例 3), 其中 $a=1$, $\xi^\star = 0.5$, $N=12$

例 4 构造一个变换, 其在半直线 $x \in [a, +\infty]$ 上生成一个准均匀网格 X_N, 且在左边界上最密集的:

$$x(\xi)=a+\frac{c\xi}{(1-\xi)^m},\quad 0\leqslant\xi\leqslant 1,\tag{5.3.4}$$

$$x'(\xi)=\frac{1+(m-1)\xi}{(1-\xi)^{m+1}}.$$

这样的网格例子在图 5.8 中给出. 它的最后一个节点是一个无穷远点, 即 $x_N=+\infty$. 因此, 最后的区间 $[x_{N-1},x_N]$ 是无界的.

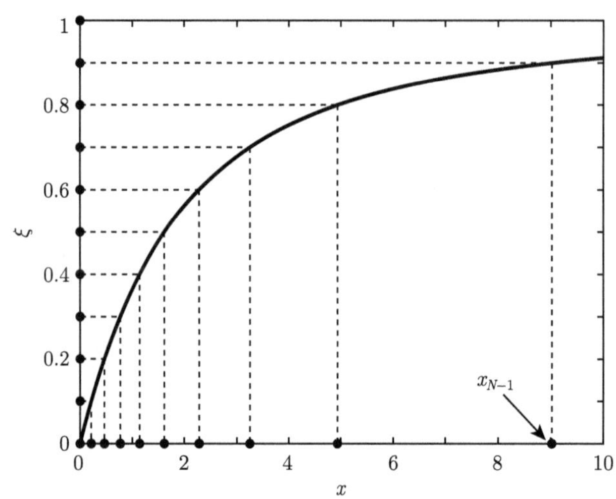

图 5.8　在半直线 $x\in[0,+\infty]$ 上由变换(5.3.4) 生成的准均匀网格 (例 4), 其中控制参数 $c=2$, $m=0.7$

让我们描述一下选择变换 (5.3.4)的控制参数 c 和 m 的最简单方法. 若在左边界附近构造一个密集的网格, 那么我们隐含地假设这对于准确解决问题很重要. 因此, 可以从以下考虑因素中选择控制参数: 如果我们希望一半节点位于区间 $[a,a_1]$ 上, 则控制参数必须满足条件 $x(1/2)=a_1$. 在这种情况下, 一半的网格区间将属于区间 $[a,a_1=a+2^{m-1}c]$.

例 5　考虑另一种形式的变换, 该变换在半直线 $x\in[a,+\infty]$ 上生成准均匀网格 X_N 且在左边界密集. 我们希望使其具有与例 4 中的网格类似的性质, 但同时仅包含一个控制参数:

$$x(\xi)=a-\ln(1-\xi),\quad 0\leqslant\xi\leqslant 1,\tag{5.3.5}$$

$$x'(\xi)=\frac{c}{1-\xi}.$$

这样的网格例子在图 5.9 中给出. 根据例 4 中使用的讨论, 可以得出结论, 一半的网格区间将属于区间 $[a,a+c\ln 2]$.

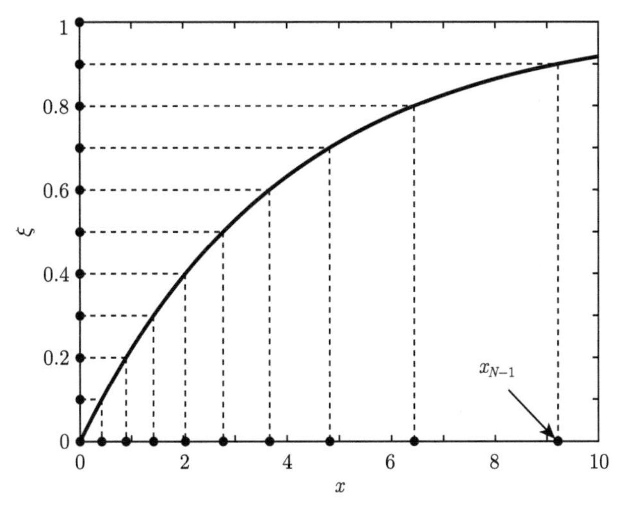

图 5.9　在半直线 $x \in [0, +\infty]$ 上使用变换(5.3.5)构建的准均匀网格 (例 5), 控制参数 $c = 4$

例 6　构造一个变换, 在直线 $x \in [-\infty, +\infty]$ 上生成一个准均匀网格 X_N, 它是在点 $x = a$ 附近最密集:

$$x(\xi) = a + \frac{c\xi}{(1-\xi^2)^m}, \quad -1 \leqslant \xi \leqslant 1, \tag{5.3.6}$$

$$x'(\xi) = c\frac{1+(2m-1)\xi^2}{(1-\xi^2)^{m+1}}.$$

这样的网格例子在图 5.10 中给出.

根据例 4 中使用的讨论, 可以得出结论, 一半的网格区间将属于区间 $\left[a - c\dfrac{2^{2m-1}}{3^m}, a + c\dfrac{2^{2m-1}}{3^m}\right]$.

其中, 如果仅对区间 $0 \leqslant \xi \leqslant 1$ 进行变换 (5.3.6), 那么将获得一个准均匀网格, 该网格仅覆盖右半线 $x \in [a, +\infty]$. 如果选取区间 $-1 \leqslant \xi \leqslant 0$, 则变换 (5.3.6)将给出一个准均匀网格, 该网格仅覆盖左半线 $x \in [-\infty, 0]$.

例 7　再构造一个变换, 在直线 $x \in [-\infty, +\infty]$ 上生成准均匀网格 X_N, 并且在点 $x = a$ 附近是最密集的:

$$x(\xi) = a + c \cdot \tan\xi, \quad -\frac{\pi}{2} \leqslant \xi \leqslant \frac{\pi}{2}, \tag{5.3.7}$$

$$x'(\xi) = \frac{c}{\cos^2\xi}.$$

该变换非常接近变换 (5.3.6), 其中 $m = 1$. 在这种情况下, 一半的网格区间将属于区间 $[a - c, a + c]$.

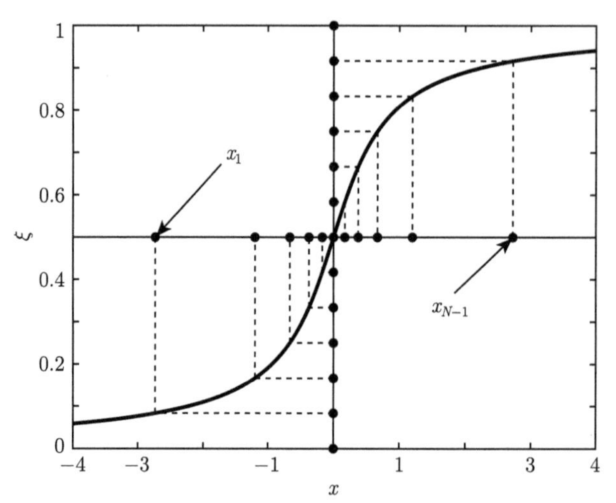

图 5.10　在直线 $x \in [-\infty, +\infty]$ 上使用变换 (5.3.6)构造准均匀网格 (例 6), 在点 $x = 0$ 附近进行局部厚化, 控制参数 $c = 1$, $m = 1$

5.4　附录 2: 准均匀网格上的导数逼近

有界区域情况

具有二阶精度的导数的对称近似:

$$u_n' = \frac{u_{n+1} - u_{n-1}}{x_{n+1} - x_{n-1}},$$

$$u_n'' = \frac{2}{x_{n+1} - x_{n-1}} \left(\frac{u_{n+1} - u_n}{x_{n+1} - x_n} - \frac{u_n - u_{n-1}}{x_n - x_{n-1}} \right).$$

具有一阶精度的导数的不对称近似:

$$u_{n\ left}' = \frac{u_n - u_{n-1}}{x_n - x_{n-1}}, \qquad u_{n\ right}' = \frac{u_{n+1} - u_n}{x_{n+1} - x_n}.$$

具有二阶精度的导数的不对称近似:

$$u_{n\ left}' = \frac{(u_n - u_{n-1})\left(2 + \dfrac{x_{n-1} - x_{n-2}}{x_n - x_{n-1}}\right) - (u_{n-1} - u_{n-2})\left(\dfrac{x_n - x_{n-1}}{x_{n-1} - x_{n-2}}\right)}{x_n - x_{n-2}},$$

$$u_{n\ right}' = \frac{(u_{n+1} - u_n)\left(2 + \dfrac{x_{n+2} - x_{n+1}}{x_{n+1} - x_n}\right) - (u_{n+2} - u_{n+1})\left(\dfrac{x_{n+1} - x_n}{x_{n+2} - x_{n+1}}\right)}{x_{n+2} - x_n}.$$

无界区域情况

这些公式的特性在于它们不应包含无限远的网格节点. 例如, 半直线 $x \in [a,+\infty]$ 上的点 $x_N = +\infty$. 要变通解决此问题, 应当使用分散的点:

$$h_n = x_n - x_{n-1} \approx \frac{1}{1-2\gamma}(x_{n-\gamma} - x_{n-1+\gamma}) \underset{\gamma\to 1/4}{\longrightarrow} 2(x_{n-1/4} - x_{n-3/4}).$$

最终, 即使在无界区域中, 在使用这些公式的情况下也不会出现无限性.

具有二阶精度的导数的对称近似:

$$u_n' = \frac{u_{n+1} - u_{n-1}}{2(x_{n+1/2} - x_{n-1/2})},$$

$$u_n'' = \frac{1}{2(x_{n+1/2} - x_{n-1/2})}\left(\frac{u_{n+1} - u_n}{x_{n+3/4} - x_{n+1/4}} - \frac{u_n - u_{n-1}}{x_{n-1/4} - x_{n-3/4}}\right).$$

具有一阶精度的导数的不对称近似:

$$u'_{n\ left} = \frac{u_n - u_{n-1}}{2(x_{n-1/4} - x_{n-3/4})}, \qquad u'_{n\ right} = \frac{u_{n+1} - u_n}{2(x_{n+3/4} - x_{n+1/4})}.$$

具有二阶精度的导数的不对称近似:

$$u'_{n\ left} = \frac{(u_n - u_{n-1})\left(2 + \dfrac{x_{n-5/4} - x_{n-7/4}}{x_{n-1/4} - x_{n-3/4}}\right) - (u_{n-1} - u_{n-2})\left(\dfrac{x_{n-1/4} - x_{n-3/4}}{x_{n-5/4} - x_{n-7/4}}\right)}{2(x_{n-1/2} - x_{n-3/2})},$$

$$u'_{n\ right} = \frac{(u_{n+1} - u_n)\left(2 + \dfrac{x_{n+7/4} - x_{n+5/4}}{x_{n+3/4} - x_{n-1/4}}\right) - (u_{n+2} - u_{n+1})\left(\dfrac{x_{n+3/4} - x_{n+1/4}}{x_{n+7/4} - x_{n+5/4}}\right)}{2(x_{n+3/2} - x_{n+1/2})}.$$

参考文献

[1] Mitidieri E, Pohozaev S I. A priori estimates and blow-up of solutions to nonlinear partial differential equations and inequalities. Proc. Steklov Inst. Math., 2001, 234: 1-362.

[2] Levine H A. Some nonexistence and instability theorems for solutions of formally parabolic equations of the form $Pu_t = -Au + \mathcal{F}(u)$. Archive for Rational Mechanics and Analysis, 1973, 51(5): 371-386.

[3] Levine H A. Instability and nonexistence of global solutions to nonlinear wave equations of the form $Pu_{tt} = -Au + \mathcal{F}(u)$. Transactions of the American Mathematical Society, 1974, 192: 1-21.

[4] Kalantarov V K, Ladyzhenskaya O A. The occurrence of collapse for quasilinear equations of parabolic and hyperbolic types. Nauch. Semin. Leningr. Otd. Mat. Inst. Steklova, 1977, 69: 77-102.

[5] Sveshnikov A G, Al'shin A B, Korpusov M O, Pletner Yu D. Linear and Nonlinear Equations of Sobolev Type. Moscow: Fizmatlit, 2007.

[6] Korpusov M O. Blow-up in Nonclassical Wave Equations. Moscow: Editorial, 2010.

[7] Samarskii A A, Galaktionov V A, Kurdyumov S P, Mikhailov A P. Blow-up in Quasilinear Parabolic Equations. Moscow: Nauka, 1987.

[8] Galaktionov V A, Pohozaev S I. Third-order nonlinear dispersive equations: shocks, rarefaction, and blowup waves. Comput. Math. Math. Phys., 2008, 48(10): 1784-1810.

[9] Pelinovsky D E, Xu Ch. On numerical modelling and the blow-up behavior of contact lines with a 180° contact angle. Journal of Engineering Mathematics, 2015, 92: 31-44.

[10] Cangiani A, Georgoulis E H, Kyza I, Metcalfe S. Adaptivity and blow-up detection for nonlinear evolution problems. Arxive: http://arxiv.org/abs/1502.03250.

[11] Haynes R, Turner C. A numerical and theoretical study of blow-up for a system of ordinary differential equations using the Sundman transformation. Atlantic Electronic Journal of Mathematics, 2007, 2(1): 1-13.

[12] Berger M, Kohn R V. A rescaling algorithm for the numerical calculation of blowing-up solutions. Communications on Pure and Applied Mathematics, 1988, 41(6): 841-863.

[13] Cho Ch.-H. Numerical detection of blow-up: a new sufficient condition for blow-up. Japan Journal of Industrial and Applied Mathematics, 2016, 33(81): 81-98. doi:10.1007/s13160-015-0198-0.

[14] Al'shina E A, Kalitkin N N, Koryakin P V. Diagnostics of singularities of exact solutions in computations with error control. Comput. Math. Math. Phys., 2005, 45(10): 1769-1779.

[15] Al'shin A B, Al'shina E A. Numerical diagnosis of blow-up of solutions of pseudoparabolic equations. Journal of Mathematical Sciences, 2008, 148(1): 143-162.

[16] Kalitkin N N, Kolikin B V. Numerical Methods: in 2 kn. Book. 2. Methods of mathematical physics: a textbook for students. Institutions of higher professional education. Moscow: Publishing Center "Academy", 2013, [in Russian].

[17] Kalitkin N N, Al'shin A B, Al'shina E A, Rogov B V. Calculations on Quasi-uniform grids. Moscow: Fizmatlit, 2005. [in Russian]

[18] Hoffman J, Johnson C. Blow up of incompressible Euler solutions. BIT Numerical Mathematics, 2008, 48(2): 285-307. doi:10.1007/s10543-008-0184-x.

[19] Kalitkin N N. Numerical methods for solving stiff systems. Mat. Model, 1995, 7(5): 8-11.

[20] Kalitkin H H, Al'shina E A. Numerical Methods: in 2 kn. Book. 1. Numerical analysis: a textbook for students. Institutions of higher professional education. Moscow: Publishing Center "Academy", 2013.

[21] Korpusov M O, Panin A A. Local solvability and solution blow up for the Benjamin-Bona-Mahony-Burgers equation with a nonlocal boundary condition. Theoretical and Mathematical Physics, 2013, 175(2): 580-591.

[22] Hairer E, Wanner G. Solving of Ordinary Differential Equations. Stiff and Differential-Algebraic Problems. New York: Springer, 2002.

[23] Al'shin A B, Al'shina E A, Kalitkin N N, Koryagina A B. Rosenbrock schemes with complex coefficients for stiff and differential algebraic systems. Comput. Math. Math. Phys., 2006, 46(8): 1320-1340.

[24] Rosenbrock H H. Some general implicit processes for the numerical solution of differential equations. Computer Journal, 1963, 5(4): 329-330.

[25] Korpusov M O, Lukyanenko D V, Panin A A, Yushkov E V. Blow-up for one Sobolev problem: theoretical approach and numerical analysis. Journal of Mathematical Analysis and Applications, 2016, 442(2): 451-468.

[26] Sun F L, Liu L S, Wu Y H. Finite time blow-up for a thin-film equation with initial data at arbitrary energy level. Journal of Mathematical Analysis and Applications, 2018, 458(1): 9-20.

[27] Korpusov M O, Lukyanenko D V, Panin A A. Blow-up for Joseph-Egri equation: theoretical approach and numerical analysis. Mathematical Methods in the Applied Sciences, 2020, 43(11): 6771-6800.